AF389873

MÉMOIRES

SUR

QUELQUES SUJETS D'AGRICULTURE,

ET SUR

LA FONDATION D'UNE FERME MODÈLE

ET

D'UNE ÉCOLE D'AGRICULTURE DANS LE CANTON DE VAUD.

PAR

A. CORNAZ,

PROPRIÉTAIRE A MONTET, EN VULLY.

Heureux l'homme des champs, s'il connaît son bonheur,
Fidèle à ses besoins, à ses travaux docile,
La terre lui fournit un aliment facile.
J. DELILLE.

LAUSANNE,
IMPRIMERIE ET LIBRAIRIE DE MARC DUCLOUX, ÉDITEUR.
CERSTER, LIBRAIRE, A NEUCHATEL.

1844.

INTRODUCTION.

Je tiens à expliquer en peu de mots, à quelles circonstances ce petit ouvrage doit le jour. Au mois de Janvier 1842, M. Monod, président de la Société Rurale du Canton de Vaud, me demanda d'écrire, pour l'insérer dans le rapport de cette société, une notice sur l'exploitation de mon domaine. Je me rendis d'autant plus volontiers à son désir, que j'avais l'espoir que d'autres personnes suivraient mon exemple, et que le rapport de la Société, qui ne contenait auparavant qu'une demi feuille d'impression, et donnait seulement le résultat du concours de charrues et de herses, deviendrait ainsi une espèce de journal agricole, où les sociétaires écriraient tout ce qui leur paraîtrait de nature à intéresser leurs collègues. La notice sur le domaine de Montet, parut dans le rapport de la société, au milieu de l'année 1842. Au commencement de l'année 1843 , M. Monod m'écrivit de nouveau, pour me demander de lui envoyer, un, ou si possible, deux mémoires sur quelques sujets d'agriculture à mon choix, en me laissant toute latitude sur la longueur à donner à ces mémoires. Je lui envoyai à la fin de Mars de la même année, les traités sur les systèmes de culture, et sur les bergeries. Je reçus plus tard, une lettre qui m'annonçait que le comité de la société, tout en donnant sa pleine approbation au traité sur les systèmes de culture, ne pouvait pas le faire insérer dans son rapport, parce qu'il le jugeait au-dessus de la portée des travailleurs pour lesquels ce rapport est essentiellement écrit.

Malgré l'opinion de ces Messieurs, je me suis décidé à faire imprimer ces mémoires à mes frais, étant bien persuadé qu'ils seront compris de tous les agriculteurs Vaudois. Vivant depuis 17 ans continuellement à la campagne, j'ai été à même d'apprécier le développement intellectuel de ses habitants, et de voir que les ouvrages soi-disant populaires étaient fort rarement de leur goût.

La notice sur mon domaine, publiée en 1842, ayant été imprimée à un petit nombre d'exemplaires, et n'ayant point été mise en vente, je l'ai jointe à mon nouveau travail. Enfin la question de la fondation d'un établissement agricole dans le Canton de Vaud étant à l'ordre du jour, j'ai pensé qu'un article sur ce sujet pourrait provoquer quelques discussions qui feraient peut-être avancer la solution de cette question.

Montet le 1er Mars 1844.

NOTICE

SUR

LE DOMAINE DE MONTET.

—

LETTRE ADRESSÉE A LA SOCIÉTÉ D'ÉCONOMIE RURALE DU CANTON DE VAUD, LE 15 AVRIL 1842.

Messieurs,

D'après votre demande, je vous envoie l'état actuel de la culture de mon domaine, désirant que cet exposé puisse être de quelque utilité. Il contribuera peut-être à convaincre quelques personnes qu'un grand domaine peut être cultivé plus économiquement qu'un petit; qu'il est capable d'offrir une occupation aussi lucrative que plusieurs autres états moins sûrs, et surtout moins agréables; qu'enfin il peut procurer des avantages à la contrée où il est situé, par les nouveaux instrumens que l'on introduit pour sa culture et par l'exemple d'une meilleure méthode agricole.

Avant l'année 1828, mon domaine était cultivé par deux fermiers, ma mère avait en outre conservé pour son usage 30 poses de terrain. La contenance totale était alors de 262 poses de 500 toises, il y en avait 31 en bois.

Un des fermiers cultivait 110 poses de prés et de champs, l'autre 85; celui qui cultivait les 110 poses avait pour l'exploitation 4 hommes, 2 femmes, et employait pendant le temps des récoltes 2 ouvriers et 2 femmes.

Celui qui cultivait les 85 poses avait également 4 hommes, une femme, et employait pendant le temps des récoltes un ouvrier et une ou deux femmes; ces 85 poses étaient plus éloignées de la ferme que les 110 poses.

Le premier fermier avait le bétail suivant : 7 chevaux de labour et 3 poulains, 2 bœufs de labour, 6 vaches et 5 à 6 génisses, 12 moutons.

Le second avait 5 chevaux et 2 ou 3 poulains, 2 bœufs de labour, 3 vaches et 3 ou 4 génisses, 10 à 12 moutons.

Ma mère gardait 2 chevaux, employés quelquefois à des travaux agricoles, 5 vaches et une ou deux génisses.

Tout ce bétail était nourri, en hiver, en grande partie avec de la paille et du foin, les racines n'étaient données qu'aux bœufs à l'engrais, et jamais crues.

Je n'ai pu m'assurer de la quantité de graines de toute espèce récoltées par année ; cependant j'ai la certitude que l'on en récoltait moins qu'à présent. Les champs étaient cultivés suivant la méthode employée encore dans beaucoup de localités de notre canton.

1re année. Jachère ; dans cette division on plantait un peu de pommes de terre, environ 3 poses dans tout le domaine, et on semait 1 $\frac{1}{2}$ pose en colza.

2e — Froment, moitié ou seigle.

3e — Orge.

4e — Trèfle.

5e — Froment.

6e — Avoine.

On ne retournait à la charrue en automne que les champs destinés à recevoir de l'orge l'année suivante ; les champs cultivés en avoine ne recevaient jamais qu'un seul labour.

Actuellement mon domaine, après la vente que j'ai faite de quelques prés-marais et de tous les champs qui n'aboutissent pas à un chemin, se compose de :

4 poses en jardins, places, promenades et chemins.

1 » vigne.

165 » champs.

44 poses en prés.
31　　》　　bois.
____

245 poses.

La terre est plutôt légère qu'argileuse ; cependant, grâce au sous-sol, elle a les qualités des terres fortes ; elle souffre peu de la sécheresse, retient l'eau et pourtant elle est très-promptement ressuyée. On peut y entrer de bonne heure au printemps, et après les pluies d'été. Tous les produits agricoles cultivés en grand dans le canton de Vaud y réussissent très-bien, quoique le froment ne donne pas d'aussi grands produits que dans les terres fortes. Le sol est complétement privé de pierres, ce qui facilite beaucoup les labours. Les années sèches sont beaucoup plus avantageuses que les années humides.

Mon personnel pour l'exploitation consiste en :

1 Maître-valet.

1 Jardinier qui ne s'occupe que du jardin et terrains d'agrément.

1 Domestique qui soigne 4 ou 5 chevaux.

1 Domestique qui soigne les bœufs de travail et à l'engrais, ainsi que les vaches et les porcs.

J'occupe en outre, pendant toute l'année, par beau et mauvais temps, 8 ouvriers, et pendant le temps des récoltes j'ai encore 3 à 4 hommes et 10 à 15 femmes.

Mon bétail consiste en 4 chevaux de trait, 6 bœufs de travail, 6 vaches, une génisse, 4 bœufs à l'engrais.

Le fruitier qui est ici depuis onze ans, pour consommer pendant l'hiver mes fourrages, a hiverné cette année avec 315 toises de 216 pieds de Berne, 69 vaches et 6 génisses.

Il me paie 12 francs par toise de foin ou regain, s'engageant à prendre tout ce que j'ai de trop pour mon bétail ; il reçoit gratis le bois nécessaire pour son usage, la paille pour litière, demi-mesure de moitié blé par toise de fourrage, une mesure de pommes de terre; il peut en outre faire pâturer pendant 8 jours ses vaches à son arrivée de la montagne. Cet arrangement n'est certainement pas brillant, mais il a l'avantage de simplifier beaucoup l'administration d'un grand domaine, je trouve aussi qu'il est très-utile d'avoir la plus grande partie du fumier au printemps, puisqu'il produit plus d'effet dans cette saison, et que sa conduite ne nuit pas à d'autres ouvrages plus importans. Le capital engagé dans une exploitation est aussi de cette manière beaucoup diminué.

Depuis 1831 que je cultive la totalité de mon domaine, le nombre des bêtes d'attelage n'a jamais dépassé le chiffre actuel de 10. Pendant 3 ans, je n'ai eu que 8 chevaux; mais depuis que je trouve qu'il est plus avantageux d'avoir de deux sortes de bétail pour le trait, j'ai dû augmenter un peu ce nombre, et le porter à 10 pendant 8 mois de l'année, car en hiver une paire de bœufs au moins est mise à l'engrais.

Pendant longtemps, je n'ai point eu d'assolement réglé; je semais dans mes champs ce qui me paraissait devoir le mieux réussir; je tâchais d'avoir la même proportion entre mes cultures, et de ne faire revenir les mêmes produits sur le même terrain qu'après une intervalle assez long; cependant j'ai trouvé qu'il y avait plusieurs inconvénients à ne pas avoir d'assolement fixe, et après avoir étudié assez longtemps la nature de mon terrain et toutes les circonstances locales, j'ai adopté, pour mes champs, deux assolemens, auxquels, sauf une seule modification, je suis resté fidèle depuis cinq ans.

114 $\frac{1}{2}$ poses de champ, qui sont les plus rapprochées de mes bâtiments de ferme, sont divisées en 16 soles de 7 poses environ chacune, et 50 poses en 12 soles de 4 poses chacune.

L'assolement des 16 soles est le suivant :

1re poisettes (vesces) fauchées pour la nourriture, en vert ou séchées, fumées par 700 pieds par pose;

2e colza;

3e froment;

4e avoine, fumée par 400 pieds par pose;

5e trèfle;

6e froment;

7e racines, fumées par 700 pieds de fumier par pose;

8e avoine, avec graine de luzerne ou d'esparcette;

9e, 10e, 11e, 12e, 13e, 14e, luzerne ou esparcette, fumée à la 4e année par 20 chars d'engrais Jauffret;

15e avoine, fumée par 400 pieds de fumier;

16e froment.

L'assolement des 12 soles est :

1re poisettes et avoine, mélangées pour être fauchées pour du foin, et fumées par 700 pieds de fumier par pose;

2e colza;

3e froment;

4e avoine, fumée par 400 pieds de fumier par pose;

5e, 6e, 7e, 8e, 9e, 10e esparcette;

11e froment, fumé par 400 pieds;

12e seigle.

Il y a deux ans, j'avais dans ma grande division une sole de plus, et deux de moins dans ma petite. La 4e année je cultivais des racines; dans la petite, l'esparcette ne durait que 4 ans au lieu de 6.

J'avais alors un accord avec MM. Roy, de Saint-Jean, auxquels je livrais le produit de 6 poses de pommes de terre au prix de 10 ¼ batz le quintal; malgré que ce prix fut bas, et que je dus payer 1 batz par quintal pour le transport par eau depuis Cudrefin à St-Jean, comme les pommes de terre n'entraient point en cave, mais étaient conduites directement depuis le champ à Cudrefin, cet accord était avantageux ; mais j'ai dû y renoncer, à cause de la difficulté qu'il y a à se procurer assez d'ouvriers pour l'arrachage, surtout si l'automne est pluvieux ; parce que les pommes de terre sont cultivées en grande quantité dans cette contrée, et qu'en outre les travaux des vendanges occupent beaucoup de bras.

L'assolement avec les pommes de terre intercalées était plus rationel que celui que j'ai actuellement ; cependant je puis assurer que si l'on ne néglige pas de donner deux labours en automne et un au printemps, avant de semer l'avoine, le trèfle sera aussi beau que si les racines avaient précédé l'avoine.

Voici comment sont traitées ces différentes soles :

Dès que le froment de la 16ᵉ année est enlevé, la terre est labourée superficiellement et laissée dans cet état jusqu'à la fin d'octobre ; je fais alors herser avec de grandes herses à dents de fer inclinées en avant, et traînées par 3 chevaux attelés de front, ou 2 bœufs ; la terre est ensuite labourée avec la charrue attelée de 4 bêtes, de manière à ce que le versoir soit complétement caché dans le sol ; cette charrue est suivie par la houe, instrument traîné par 2 bêtes, qui donne une culture à la terre sans la retourner, elle pénètre à la profondeur de 4 pouces et fait un excellent ouvrage.

Lorsque cette sole est labourée, on tire les raies d'écoulement, afin que l'eau ne séjourne pas sur le champ pendant l'hiver, et au commencement de mars on peut ordinairement herser, puis conduire 10 chars de fumier de 70 pieds chacun par pose ; ce fumier est enfoui aussi vite que posssible ; on sème ensuite de l'avoine et des poisettes à raison de 10 à 12 mesures par pose, elles sont enterrées avec la herse légère qui passe deux fois dans le même sillon , puis roulées avec un grand rouleau en bois traîné par deux bêtes.

Les poisettes sont fauchées en partie pour la nourriture en vert à la fin de juin , la plus grande partie cependant est séchée pour l'hiver. Une pose produit en moyenne 2 $\frac{1}{2}$ chars à 4 bêtes; l'année dernière elle a donné 3 chars.

Dès que les poisettes sont enlevées, la terre est retournée, et quelques semaines après, ce labour est hersé, on laboure ensuite pour semer le colza , à la profondeur au moins de 4 pouces, la terre est hersée jusqu'à ce qu'elle soit menuisée comme un jardin , on passe un léger rouleau attelé d'un cheval , puis le semoir de colza traîné également par un cheval, et qui sème trois lignes à la fois , à la distance d'un pied et demi. Au commencement de septembre et quelquefois à la fin du mois d'août , je fais passer le petit scarificateur d'Hohenheim, traîné par un cheval ; 15 jours après les plantes sont assez fortes pour pouvoir être butées avec le butoir en fer attelé de deux chevaux ; l'opération est renouvelée après 3 semaines. Si j'ai assez d'ouvriers, je les fais passer entre les lignes pour arracher les mauvaises herbes qui s'y trouvent ; mais si les plantes sont très-fortes, le travail manuel peut fort bien être épargné , le colza étouffera toutes les herbes.

Nulle part je n'ai vu du plus beau colza qu'à Hohenheim, où on en cultive chaque année 40 poses, et jamais une femme n'entre dans le champ ; tous les sarclages sont exécutés par le scarificateur et le butoir ; mais là , le terrain est bien cultivé depuis longtemps, et la succession des récoltes très-bien entendue ; parce qu'on a l'emploi d'une grande masse de racines, et que les ouvriers pour l'arrachage ne manquent jamais.

J'ai essayé l'année dernière de semer 1 $\frac{1}{2}$ pose de colza suivant la méthode employée par M. Jules Perret , de Villeneuve ; elle consiste à tracer des ados avec le butoir, ces ados sont rabattus par un léger rouleau, puis on sème sur ces ados avec le petit semoir à brouette ; tous mes colzas sont beaux cette année, le plus beau de tous est cependant celui-ci, mais je crois que l'engrais Jauffret que ce champ a reçu y entre pour quelque chose, ayant constamment observé que les produits sont plus beaux lorsque j'emploie cet engrais plutôt que le fumier d'écurie.

Le colza arrive à maturité ordinairement au commencement de juillet ; je fais commencer à couper avant la maturité, il est mis en javelle et reste sur le champ deux ou trois jours, jusqu'à maturité complète ; j'ai ordinairement 30 personnes pour couper ; l'année dernière il a été récolté en cinq jours. Depuis sept ans que je cultive le colza en grand, le produit moyen a été de 85 mesures par pose ; l'année 1836 a été la plus mauvaise, elle n'a donné que 40 mesures, et l'année 1837 la meilleure, elle a donné 130 mesures par pose. Lorsque tous les grains tombés sur le champ ont germé, c'est-à-dire ordinairement 15 jours après la récolte, je fais labourer superficiellement, ce labour est répété 4 semaines après, le troisième et dernier labour est donné les derniers jours de septembre.

Le froment après le colza est ordinairement très-beau ; j'emploie pour semer 1 $\frac{1}{2}$ mesure de moins qu'après le trèfle, c'est-à-dire 6 $\frac{1}{2}$ à 7 mesures ; quant au produit du grain, comme tous mes froments sont entassés ensemble dans mon gerbier, je puis savoir le produit total, mais non pas celui après telle ou telle culture.

Le froment a produit depuis 1852 à 1840, en moyenne, 82 mesures par pose ; l'année 1839 a seule été beaucoup au-dessous de cette moyenne, la pose n'a donné que 60 mesures, par contre, en 1834, 38 poses semées en froment ont donné 3,550 mesures.

Tout le terrain qui a porté du froment est traité comme celui de la sole n° 16 ; tous les seconds labours sont précédés d'un fort hersage ; les labours d'été et ceux pour les semailles sont toujours donnés avec une charrue attelée de deux bêtes, sauf après la luzerne, l'esparcette et le trèfle ; dans ce cas j'en fais atteler trois ou quatre, ainsi que pour les labours préparatoires d'arrière automne.

L'avoine est semée après trois labours, dont deux ont été donnés l'année précédente et dès que le terrain est assez ressayé pour entrer dans le champ, y conduire l'engrais et labourer. J'emploie 8 à 9 mesures d'avoine pour semer, lorsqu'en même temps on sème du trèfle, de la luzerne ou de l'esparcette, et 12 mesures après la luzerne ou l'esparcette. L'avoine est ordinairement récoltée à la fin du mois d'août et a produit, sur une moyenne de 10 ans, 150 mesures ; l'année 1840, la pose a produit 190 mesures ; l'année dernière, grâce aux vers blancs, seulement 110 mesures. Généralement on regarde dans notre pays comme une absurdité de fumer pour l'avoine ; je ne suis pas du tout de cet avis, et je suis au contraire persuadé qu'aucune graine ne paie mieux le fumier qu'on lui accorde ; un champ d'avoine fumé donne autant et plus de paille qu'un champ de froment ; la paille atteint à une hauteur de 6 pieds ; elle est dans cet état moins bonne pour fourrage que de la paille d'avoine d'un champ non fumé ; mais avec un bon assolement la paille doit être principalement employée pour faire la litière, et pour cet usage, de la longue paille, un peu grossière, est meilleure que de la paille courte et fine.

Le trèfle réussit très-bien sur mes terres, je regrette seulement de ne pouvoir en cultiver davantage ; aussi, dans l'assollement de 12 ans, je sème quelquefois du trèfle au lieu d'esparcette ; dans ce cas-là je laisse subsister l'esparcette une année de plus et romps le trèfle à sa place.

Le trèfle produit ordinairement, en deux coupes, quatre chars et demi par pose; c'est un excellent fourrage si l'on a soin de ne pas le faire étendre comme le foin, mais de le laisser en andains, qui sont retournés le lendemain; lorsqu'on veut charger on rapproche deux ou trois andains, mais on ne fait pas de tas. Moins on travaille le trèfle et mieux cela vaut; il ne se gâte pas lors même qu'il a deux ou trois jours de pluie, si l'on a soin de ne le retourner que lorsqu'il est suffisamment ressuyé. Traité de cette manière, le trèfle conserve la presque totalité de ses feuilles et coûte très-peu à récolter. Je fais sécher de la même manière la luzerne et l'esparcette.

Lorsque la troisième coupe de trèfle a environ un pied de haut, c'est-à-dire ordinairement à la fin du mois d'août, je fais retourner à la profondeur de cinq à six pouces; la terre reste dans cet état pendant deux ou trois semaines, je profite d'une forte pluie pour faire herser avec les grandes herses attelées de trois chevaux ou deux bœufs, je fais semer après ce hersage, neuf à dix mesures de froment par pose; il est enterré avec de petites herses à dents de fer qui passent deux ou trois fois à la même place, jusqu'à ce que le grain soit bien enterré.

En 1832, je suis resté quatre semaines avant de semer après ce labour; j'attendais toujours la pluie; elle ne vint pas, on sema sur une terre extrêmement sèche, cependant le froment fût très-beau; cette méthode est toujours suivie à Hohenheim, et après une expérience de 12 ans, je puis la recommander en toute confiance. L'automne dernier, j'ai fais retourner à la fin du mois de juillet une vieille esparcette; j'avais l'intention de faire labourer encore deux fois avant de semer le froment, et je fis labourer quoique la terre fût très-sèche et le labour difficile; une forte pluie survenue au commencement de septembre m'engagea à faire semer à cette époque et sur l'ancien labour ; actuellement ce froment est mon plus beau , et je doute beaucoup qu'il eût mieux réussi si j'avais fait donner deux labours de plus.

La septième année, au premier printemps, la terre est hersée et labourée, puis au milieu du mois d'avril on conduit le fumier. Lorsque je fais planter des pommes de terre , elles sont mises dans la seconde raie ; avec deux charrues et sept personnes pour mettre les pommes de terre, je fais planter deux poses et demie dans un jour ; si le champ est très-long, et que par conséquent il faille retourner moins souvent, on peut planter trois poses dans un jour.

J'emploie pour planter 55 quarterons par pose ; je fais choisir pour cela les plus belles pommes de terre lors de la récolte ; on les coupe en deux ou trois morceaux.

Lorsque les pommes de terre commencent à lever, je fais passer la petite herse ; le terrain a du reste été hersé après la plantation. Dès que les pommes de terre ont atteint 5 à 6 pouces de hauteur, on passe avec le petit cultivateur d'Hohenheim , et quelques jours après on butte avec un fort buttoir en fer ; ce buttage est répété trois semaines après, à une plus grande profondeur. Une pose plantée en pommes de terre produit en moyenne 700 quarterons ; en 1840, huit poses et demie plantées en pommes de terre ont produit 8000 quarterons ; en 1841 , année où les pommes de terre ont peu produit , une pose et demie qui n'avait pas été attaquée par les vers blancs a produit 1050 quarterons. Lorsque je veux faire planter des betteraves ou des rutabagas , le terrain est également hersé et labouré dans le mois de mars ; il reste dans cet état jusqu'à ce que les plantons soient assez forts pour être repiqués ; le terrain est alors hersé , fumé , labouré , hersé de nouveau , puis on fait , avec le buttoir, des ados qui sont rabattus au moyen d'un léger rouleau ; on plante alors sur ces ados. Il faut environ 22,000 plantons pour une pose ; deux hommes et six femmes plantent une pose dans un jour. Je n'ai jamais fait arroser les plantons lors de la plantation, sinon en 1834, parce qu'alors la terre était excessivement sèche ; malgré cela, il manque rarement plus de un sur cent de ces plantons, qui, dans ce cas, sont remplacés au bout de 10 à 15 jours. Il faut avoir grand soin que les trous soient assez profonds pour que les racines ne soient pas recourbées et qu'elles soient bien serrées, de manière à ce que l'on ait de la peine à les enlever une fois plantées. Je n'ai jamais fait semer en place, il me convient beaucoup mieux de faire repiquer, cela divise mieux les travaux du printemps, puisqu'au moment de la transplantation, ordinairement au milieu du mois de mai, la plus grande partie des travaux sont terminés. Les betteraves repiquées coûtent beaucoup moins de sarclages que celles qui sont semées en place ; le labour avant la transplantation détruit un grand nombre de mauvaises herbes ; aussi deux légers sarclages à main en font la façon, et le champ est toujours parfaitement propre au moment de l'arrachage. Je fais couper les feuilles lorsqu'on procède à l'arrachage ; elles sont alors plus nutritives ; coupées avant, la croissance des racines est moins forte. Les betteraves et rutabagas produisent en moyenne 300 quintaux par pose ; dans les années sèches, les betteraves produisent plus que les rutabagas ; le contraire arrive dans les années humides. Comme nourriture, les rutabagas l'emportent de beaucoup sur les betteraves, mais ils sont d'une conservation plus difficile, aussi ce sont eux que j'emploie en premier lieu.

L'année dernière, j'ai fait semer en lignes des carottes dans un terrain qui avait été planté en pommes de terre l'année précédente ; je continuerai d'en semer chaque année une pose ou une pose et demie après des racines, qui pour cet effet recevront une fumure plus forte, afin de ne pas être obligé de fumer immédiatement pour les carottes. De cette manière le champ exige fort peu de sarclages, moins même que pour les betteraves, et le produit est très-beau; 200 toises de terrain ont produit, l'année dernière, 230 quintaux de carottes.

Les carottes ont l'avantage de pouvoir être arrachées fort tard; elles ne craignent pas un léger gel; c'est la meilleure racine à donner aux chevaux: les miens en reçoivent 40 liv. par jour pendant tout l'hiver.

Permettez-moi, messieurs, d'entrer dans quelques détails sur la partie économique de la culture des racines en général. Depuis 1828, j'ai fait cultiver les racines en assez grande quantité; deux fois j'en ai eu 17 poses; j'ai obtenu le plus souvent de fort beaux produits; bien cultivées, les racines laissent la terre très-propre, et l'année suivante toutes les graines semées sont belles; malgré tout cela, je crois que ces cultures ont souvent trop été prônées, et que l'on a glissé beaucoup trop légèrement sur tous les inconvéniens attachés à leur culture en grand; de là tant de mécomptes.

L'ouvrage le plus long et le plus dispendieux dans la culture des racines, c'est l'arrachage; dans la plus grande partie des localités de notre pays, les ouvriers sont très-difficiles à avoir dans cette saison; l'arrachage est renvoyé souvent jusqu'au commencement de novembre: la terre est alors humide, l'ouvrage avance moins, les attelages ont beaucoup de peine à sortir avec les chars, et les bons effets de la culture des racines sont en partie détruits.

Quant à l'emploi, je crois également qu'on exagère beaucoup leur valeur en les comparant au foin. Je conviens que les racines, pommes de terre, rutabagas, betteraves et carottes, surtout lorsqu'on les donne mélangées, par exemple moitié pommes de terre et moité betteraves, et que la ration ne dépasse jamais la moitié de la nourriture donnée par jour;

ainsi si une vache mange 30 livres de foin, on pourra très-bien remplacer 15 liv. de foin par 40 liv. de racines, et la vache sera aussi bien nourrie ; je conviens, dis-je, que ces racines sont une très-bonne nourriture pour les vaches et les moutons. Données dans la même proportion, les rutabagas, les betteraves et les carottes sont également une excellente nourriture pour les chevaux ; pour mon compte, je n'ai jamais eu un accident arrivé à une pièce de bétail qui résultât de l'emploi des racines, mais cela n'a rien de commun avec l'emploi économique. Dans le supplément des *Annales* de Roville, M. Mathieu de Dombasle, en parlant du compte des betteraves, dit qu'elles ont donné à Roville un produit net très-élevé, et que par contre les prés ont été constamment en perte. Après avoir examiné attentivement les deux comptes, je me suis convaincu que, même avec une comptabilité aussi exacte que celle de Roville, on peut arriver à des résultats tout à fait faux, quand la base du calcul est erronée.

M. de Dombasle estime le quintal de betteraves à 1 fr. et le quintal de foin à 1 fr. 80 c. Je laisserais volontiers le prix du quintal de foin au taux porté, mais j'abaisserais à 65 centimes le prix des betteraves, et je crois encore qu'à ce taux-là les prés ne seraient pas traités aussi bien que les betteraves.

M. de Dombasle estime la valeur nutritive des betteraves plus haut que tous les autres auteurs, et cependant il convient que les betteraves ne devraient être portées dans sa comptabilité qu'au taux de 83 centimes, pour que la comparaison avec le foin fût exacte ; mais ce qu'il ne dit pas et ne fait pas entrer en ligne de compte, c'est que les betteraves perdent chaque jour quelque chose en poids et en valeur nutritive, puisqu'elles exigent bien plus de main-d'œuvre pour la nourriture du bétail que lorsque celui-ci est nourri

avec du foin ; enfin, et ceci me paraît être très-important
dans une comparaison entre la valeur du foin relative comparé aux racines et aux betteraves en particulier, il est absolument nécessaire de faire consommer les betteraves pendant un temps assez court, tandis que le foin se conserve
plusieurs années.

A l'article comptabilité, j'aurai l'honneur, messieurs, de
relever une erreur dans laquelle M. de Dombasle me paraît
être tombé dans l'appréciation des frais occasionnés par la
culture des racines et celle des prés.

Je termine ce que j'avais à vous dire sur les racines en
vous donnant, d'après Block, le tableau du fumier produit par les racines, par la paille et par le foin :

100 liv. de betteraves données à des
       vaches produisent . . . . 24 liv. de fumier.
100 » de carottes . . . . . . 24 » »
100 » de rutabagas produisent . . 40 » »
100 » de pommes de terre . . . 54 » »
100 » de paille d'avoine employée
       pour litière . . . . . . 381 » »
100 » de paille d'avoine employée
       pour nourriture . . . . 166 » »
100 » de foin . . . . 172 » »

Après que les racines ont été récoltées, je fais donner un
labour à une profondeur de 4 pouces, puis on tire les raies
pour l'écoulement des eaux. Dès que la terre est assez essuyée
au printemps, je fais passer la grande herse, on sème ensuite l'avoine avec la graine de luzerne ou d'esparcette ; le
tout est recouvert avec les petites herses, puis on passe le
gros rouleau. L'avoine et les plantes fourragères viennent
aussi bien que si la terre était labourée, et cette méthode a
le grand avantage d'accélérer beaucoup l'ouvrage au prin-

temps. En 1840, j'ai fait semer au premier printemps 12 poses d'un jour.

Malheureusement il n'est pas toujours possible de donner un labour en automne, lorsque l'arrachage des racines a lieu trop tard et que la terre est trop humide.

Toutes les graines de fourrage réussissent aussi bien semées avec de l'avoine qu'avec de l'orge, aussi depuis quelques années j'ai renoncé à semer cette dernière espèce de graine, qui me donnait beaucoup moins de paille et de grain, et quoique le prix du grain soit plus élevé que celui de l'avoine, cependant la valeur totale de la récolte était de beaucoup inférieure. Lorsque je semais de l'orge après des racines, j'ai constamment remarqué que la première semée était la meilleure, aussi je la semais en même temps que l'avoine et la récoltais à la fin de juillet, ordinairement avant le froment.

La luzerne ou l'esparcette durent six ans; je ne m'astreins du reste pas à ce nombre d'années, mais je fais retourner le champ où la récolte a été la moins belle. La quatrième année, je fais fumer la luzerne au moyen de 20 chars d'engrais Jauffret par pose; il est conduit dans le courant du mois de décembre ou de janvier, lorsque tout les labours d'arrière automne ont été exécutés. Je fais toujours suivre la luzerne par de l'avoine, parce que de cette manière mes attelages sont occupés de fort bonne heure; cette année j'ai fait conduire le fumier sur la luzerne à rompre, le 5 mars, et le 8 j'avais déjà quatre poses de semées, tandis qu'il n'aurait pas été possible d'entrer avec des chars d'engrais dans des champs labourés l'automne.

L'avoine semée sur une rompue de luzerne est magnifique Dès qu'elle est récoltée, la terre est retournée; si le temps le permet, on donne encore deux labours avant de semer le froment, sinon un seul; en tout cas, je tâche toujours que ensemaille n'ait pas lieu plus tard que la moitié du mois d'octobre. Après ce froment, je fais quelquefois suivre du seigle, si la luzerne n'est restée en place que cinq ans; de cette manière je rentre dans mon assolement. Le seigle vient très-bien après le froment et cela sans fumier.

Je fais donner les mêmes cultures aux champs de la petite division; les produits de cette division sont en général aussi beaux que ceux de la grande, et les champs aussi propres, ce qui prouve que l'on peut obtenir de beaux produits sans culture des racines, pourvu que l'on ait soin de répéter les labours.

Il me faut chaque année **24,000** pieds de fumier pour être en état de fumer convenablement mes deux divisions, sans compter le fumier nécessaire pour le jardin et la vigne.

Une vache bien nourrie donne environ deux pieds de fumier par jour, aussi cette année je puis fumer plus fortement qu'à l'ordinaire; par contre, les deux années précédentes le foin étant moins abondant, j'ai dû employer pour la culture du colza, et un peu pour la plantation des pommes de terre, de l'engrais Jauffret. Ces deux années je n'ai pu en faire conduire qu'une petite quantité sur mes prés.

Voici de quelle manière est confectionné cet engrais Jauffret: j'ai au-dessus de la place où sont déposés mes fumiers deux cuves de la contenance de mille pots chacune; lorsqu'elles sont vides, je fais verser une brouettée de chaux vive qui est fondue en versant du lizé dessus; après cela, la cuve est remplie à moitié, en partie avec du lizé et partie avec des matières fécales, puis je fais verser de nouveau une brouette de gypse, une de suie si je puis m'en procurer, 10 à 15 livres de tourteaux de colza, lorsque je puis en obtenir de 18 à 20 batz le quintal; enfin une forte brouette de cendres lessivées; la cuve est alors remplie avec du lizé.

Une cuve pleine revient à 25 batz, en évaluant le lizé au prix qu'il vaut pour être conduit sur les prés. Elle suffit pour convertir en excellent terreau 10 tombereaux de terre ordinaire. Ces dix tombereaux donneront quatre chars à quatre chevaux, d'engrais. Le tombereau de terre transporté à côté du tas revient en moyenne à 5 batz; la manutention pour la mettre en tas et arroser, de manière à ce que toute la masse soit bien imprégnée de liquide, revient à un batz; deux ou trois mois après que le tas est fini, il est retourné et arrosé de nouveau; dans ce cas une cuve suffit pour 20 tombereaux; la manutention coûte un peu plus, environ un batz et demi par tombereau.

Voici à combien reviennent huit chars à quatre chevaux transportés et étendus :

5 cuves pleines de liquide à 25 bz. la cuve, F. 7. 50 r.

Manutention à 2 ¼ bz. par tombereau, . 5.

20 tombereaux de terre à 5 bz. le tomber. 10.

Un attelage à 4 bêtes conduira pendant un jour en moyenne 10 chars; il faudra, outre le conducteur, un homme pour charger et la moitié du temps d'un autre ouvrier pour décharger et étendre, cela ferait pour les 8 chars 7. 20 »

L. 29. 70 r.

J'ai constamment remarqué que 20 chars de cet engrais produisaient autant d'effet, et que cet effet était plus durable, que 900 pieds de fumier d'écurie; aussi indépendamment de ce que j'augmente de cette manière la masse de mes engrais, j'estime que l'engrais Jauffret revient à un prix inférieur à celui d'écurie que l'on ne trouve à acheter ici qu'en fort petite quantité, et en assez mauvaise qualité, au prix de 5 crutz le pied. La conduite au champ, le chargement, déchargement, et le travail pour étendre le fumier, coûtent en moyenne demi crutz par pied.

D'après ces données, vous verrez, messieurs, que 900 pieds de fumier transportés et étendus me reviennent à 82 francs 50 c., tandis que 20 chars d'engrais Jauffret reviennent à 74 fr. 25 c.

Il va sans dire que j'emploie pour le convertir en engrais tout ce qui est susceptible de fermenter, tous les débris du jardin, la paille du colza et ses silices, lorsque je n'ai pas assez de place pour les conserver pour litière ; avec des végétaux j'ai fait confectionner des fumiers qui pouvaient être employés 15 à 18 jours après que le tas avait été commencé ; mais avec tous les végétaux que l'on peut se procurer dans une ferme, il n'est pas possible de faire plus de 25 à 30 chars d'engrais, tandis que j'en fais confectionner chaque année avec de la terre plus de 250 chars.

Les instruments dont je me sers pour l'exploitation de mon domaine consistent en :

10 charrues Flamandes ;
  2 grandes herses à dents de fer ;
  1 dite triangulaire pour deux bêtes ;
  2 dites carrées à dents de fer courtes, pour une bête ;
  1 à dents de bois ;
  1 grand rouleau en bois pour deux bêtes ;
  1 dit pour un cheval ;
  1 butoir ;
  2 houes pour cultiver la terre sans la retourner ;
  1 scarificateur ;
  2 semoirs pour le colza, dont un à brouette.
  1 semoir pour le trèfle ;
  1 hâche-paille ;
  1 moulin à concasser l'avoine ;
12 chars, dont deux à un cheval ;
  3 tombereaux à deux bêtes.

Vous connaissez, messieurs, la charrue Flamande, qui

s'est répandue d'ici dans un rayon assez étendu; car outre la commune de Cudrefin, où l'on ne trouve à peu près que cette espèce de charrue, il y en a maintenant un grand nombre dans les autres communes du cercle; il en existe aussi beaucoup dans le canton de Neuchâtel, et l'automne dernier le maréchal de Cudrefin en a établi deux pour les environs de Soleure. De toutes les charrues que j'ai vues dans les concours, aucune ne m'a paru préférable pour l'espèce de terre que j'ai; je crois qu'elle convient moins bien dans un terrain où il y a beaucoup de pierres; mais dans un sol qui en est exempt, elle fait un labour très-régulier, elle est facile à exécuter et facile à réparer. Six de mes chars sont garnis de planches au lieu d'échelles; ils sont munis d'une trape dessous pour le déchargement des racines et du fumier, et ils ont derrière un serroir mécanique; ils sont très-commodes pour le charroi de tous les produits agricoles, puisque rien ne se perd dans les planches; l'homme qui décharge le foin ou la graine travaille commodément lorsqu'il arrive au fond du char.

Je termine, messieurs, cet exposé, par quelques mots sur la comptabilité agricole. Je voudrais beaucoup avoir le temps et la patience de tenir des livres sur le modèle de ceux de Roville, mais je suis obligé de me contenter d'avoir le livre des journées, celui d'entrée et de sortie des graines en magasin, celui de la conduite de tous les chars d'engrais et de la rentrée des chars de récoltes, puis un livre de caisse où sont portées toutes les dépenses et toutes les recettes. Au moyen de ces livres, je puis me rendre très-exactement compte du produit brut et net de ma campagne, mais pas de chaque culture en particulier. Si j'avais adopté la comptabilité de Roville, j'aurais apporté quelques changements, surtout dans la tenue du compte des frais généraux.

Le compte des frais généraux est très-chargé à Roville,

parce que M. de Dombasle y fait entrer tous les frais d'administration, de ménage, d'améliorations, l'entretien des chemins, l'intérêt et l'entretien du mobilier de la ferme, et enfin l'intérêt du capital en circulation. Cette manière d'établir ce compte conduit, ce me semble, à se faire de grandes illusions dans la comparaison des diverses cultures, puisque les prés, par exemple, supportent les mêmes frais généraux que les champs, qui demandent un grand nombre de cultures, exigent par conséquent plus de surveillance et beaucoup plus d'ouvrage de la part des attelages.

Il me semble qu'il ne faut faire entrer dans le compte des frais généraux que les articles suivants :

1° Les impositions ;

2° L'entretien des chemins ;

3° Les frais occasionnés par la prise des animaux nuisibles ;

4° Les frais de clôture ;

5° L'intérêt du capital circulant.

Je porterais au compte des chevaux de labour tous les frais occasionnés par l'entretien et l'intérêt des ustensiles de l'écurie, des harnais, de tous les instruments traînés par les chevaux, l'intérêt et le dépérissement des chevaux, leur nourriture et enfin le gage et l'entretien du domestique qui les soigne et les conduit. Le compte des bœufs serait établi de la même manière. Quant aux frais d'administration, le gage et l'entretien du maître-valet seraient portés en masse, et répartis d'après le nombre de jours ouvrables, puis portés au débit des récoltes où le maître-valet serait employé.

D'après la manière dont j'établirais le compte des frais généraux, ce compte ne dépasserait pas, chez moi, la somme de 500 fr., soit environ 2 fr. 50 par pose, au lieu qu'à Roville ces frais sont de 20 fr. par pose.

Pour ce qui regarde le compte des engrais, il me semble

que le plus simple est de débiter le bétail de la valeur de la paille et à un prix en rapport avec celui que l'on mettrait au fumier. Le bétail serait également débité de tous les objets qu'il consommerait, et crédité de la valeur du fumier.

En supposant, par exemple, que 10 vaches consomment pendant un jour :

250 liv. de foin,

500 » moitié pommes de terre et moitié betteraves,

50 » de paille pour fourrage,

100 » de paille pour litière; d'après les expériences de Block, ces différents produits donneraient 1005 livres de fumier, soit à raison de 50 liv. pour un pied cube de fumier, 20 pieds. Les objets consommés par les vaches pourraient être évalués aux prix suivants :

250 liv. de foin à 15 batz par quintal, . Fr. 3. 75 r.

500 » demi pommes de terre et demi betteraves, l'un dans l'autre à 5 bz. le quintal, 1. 50

50 liv. de paille pour nourriture à 10 bz. le quintal, ... 50

Fr. 5. 75 r.

Le tiers de cette somme devrait être porté au débit du compte du fumier, soit 1 fr. 92 $^{1}/_{2}$ r. ; il y aurait en outre à porter au débit de ce compte la valeur d'un quintal de paille pour litière ; en l'évaluant au prix de 10 batz, nous aurons pour les 20 pieds de fumier 2 fr. 92 $^{1}/_{2}$ rap., soit à peu près 6 crutz par pied.

D'après ce que j'ai eu l'honneur de vous marquer plus haut, voici comment il me semble que devraient être évalués les frais occasionnés par les bêtes d'attelage, et à combien revient en moyenne le travail d'un cheval et celui d'un bœuf.

Frais occasionnés par un attelage à quatre chevaux.

	Fr.	R.
Gage et nourriture du domestique.	360	
Quatre chevaux à raison de 320 fr. par cheval, 1280 fr. ; intérêt de cette somme à 5 p. %.	64	
Dépérissement et risques, à 25 fr. par cheval.	100	
Ferrage, à 9 fr. par cheval.	36	
Intérêt et entretien du mobilier de l'écurie, des harnais de chars et charrues, estimés à 240 fr. à 20 p. %.	48	
Intérêt et entretien de 4 chars, 4 charrues, 2 herses et de trois autres instruments conduits par les chevaux, valant ensemble 1000 fr., à 20 p. %.	200	
Nourriture pendant 6 mois sans racines, soit 183 jours à raison d'un quintal de foin par jour, à 1 fr. 50 le quintal.	274	50
Dix mesures d'avoine par semaine, soit 233 mesures à 65 rap. la mesure.	151	45
Nourriture pendant 6 mois avec racines, 60 liv. de foin par jour, pour 182 jours.	163	80
182 quintaux de betteraves et de carottes, à 50 r.	91	
Sept mesures d'avoine par semaine, soit 182 mesures à 65 rap.	118	30
Médicaments pour les quatre, par année. . .	10	
Cent journées d'été d'un ouvrier travaillant avec 2 chevaux, à 1 fr. par jour.	100	
Vingt journées d'hiver à 90 rap.	18	
	Fr. 1735	03

Produit.

Fr.   R.

Depuis le 1er mars au 1er novembre, les chevaux seront employés en moyenne pendant 160 jours; pendant 60 jours ils charrieront attelés les quatre ensemble ; pendant 100 jours chaque paire de chevaux travaillera séparément; pendant ces 160 jours j'évalue la journée d'un cheval à 1 fr. 90 rap. par jour.   . 1216

Depuis le 1er novembre au 1er mars, les chevaux seront employés en moyenne pendant 80 jours; je suppose que pendant 60 jours ils seront attelés à la machine à battre, et que pendant 20 jours chaque paire travaillera séparément; j'évalue la journée d'un cheval à 1 fr. 320

Pendant les 60 jours où les chevaux ne sortiront pas de l'écurie , le travail du domestique après le pansement, à 7 bz par jour, soit.   42

Un cinquième de la valeur portée pour les fourrages consommés pendant l'année, et cela en raison du temps passé hors de l'écurie. . . 161   75

Fr. 1739   75

Il est clair que si les chevaux travaillent un plus grand nombre de jours. le compte sera en bénéfice, et que le contraire arrivera s'ils travaillent moins.

Frais occasionnés par six bœufs.

Fr.   R.

Un tiers du gage et de la nourriture du domestique chargé du soir des bœufs, à 360 fr. . . 120

	Fr.	R.
Transport. .	120	
Coût de 6 bœufs à 200 fr. la pièce, 1200 fr., in- térêt à 5 p. %.	60	
Risques, à raison de 5 fr. par bœuf, la mieux value compense du reste cet article. . . .	30	
Ferrage des pieds de devant à 4 fr. par bœuf. .	24	
Intérêt et entretien du mobilier de l'écurie, des harnais et jougs évalués à 100 fr., à 20 p. %.	20	
Intérêt et entretien de 6 chars, de 6 charrues, de 3 herses, évalués à 1200 fr., à 20 p. %.	240	
Nourriture en vert pendant 165 jours par an- née, à 3 bz. par jour.	297	
Pendant 200 jours à raison de 20 livres de foin par tête, 5 livres de paille et 40 livres de pommes de terre ou betteraves, au prix porté pour les chevaux.	660	
450 journées d'été de 2 ou 3 trois ouvriers tra- vaillant avec 4 ou 2 bœufs, à 1 fr. par jour. .	450	
180 journées d'hiver de trois ouvriers travail- lant avec 2 bœufs, à 90 rap.	162	
Sel et médicaments pour les 6 bœufs. . . .	50	
	Fr. 2113	

Produit.

	Fr.	R.
Le quart de la valeur de la nourriture employée pour le fumier, ceci à raison de ce que les bœufs seront plus longtemps à l'écurie que les chevaux.	224	
160 journées d'été pendant lesquelles les bœufs seront attelés à 4 ou à 2 par char ou par char- rue, à 3 fr. 20 par paire, pour les six. . .	1536	

Fr.   R.

Transport. . 1760

60 journées d'hiver, à raison de 2 fr. par paire
de bœufs, pour les six. 360

Fr. 2120

Dans la plupart des cas, ce compte se balancerait plus favorablement, parce que le propriétaire qui aura 6 bœufs en engraissera ordinairement deux ou quatre après que les labours d'automne seront terminés.

Agréez, etc.

Du 15 Janvier 1844.

Quoiqu'il n'y ait que peu de temps, que la notice ci-dessus a été écrite, j'aurais cependant quelque chose à ajouter, pour répondre à des observations que plusieurs personnes m'ont adressées, et pour donner le détail des travaux entrepris dans mon domaine, pendant le courant de l'année dernière. Je dirai d'abord quelques mots du travail des attelages : cette question soulevée par la Société d'Utilité Publique, a été le sujet d'un rapport de M. Forel à la dite société au mois de septembre 1842. M. le rapporteur a fait quelques rapprochements, entre le nombre des bêtes d'attelage employées dans mon exploitation, et celui employé dans plusieurs communes du canton de Vaud : il a fait ses calculs, comme si le nombre de 10 bêtes, que j'avais au moment de l'envoi de ma lettre, était celui que j'avais toujours eu, quoique j'aie dit, que pendant 3 ans, je ne m'étais servi que de 8 chevaux. Ce nombre est suffisant pendant 8 mois de l'année. Depuis le mois de Novembre 1842, jusqu'à la fin d'Août 1843, mon domaine a été cultivé par 4 chevaux et 4 bœufs. Jamais on a exécuté autant d'ouvrage que pendant ce temps, ce qui a tenu à ce que l'hiver a été fort beau ainsi que le premier printemps, que la machine à battre n'a jamais été mise en mouvement que par les jours de pluie, que pendant cette année il y a eu constamment de la marne ou de la terre à faire conduire, et enfin, à ce que je n'ai jamais été obligé de laisser chômer un attelage, faute d'un ouvrier pour le conduire.

Voici le relevé de l'ouvrage exécuté, dans mon domaine, depuis le 1er Janvier au 31 Décembre 1843, cela pourra intéresser quelques personnes, en leur montrant ce que des attelages auxquels on a toujours de l'ouvrage à donner peuvent faire. On a labouré pendant cette année-là, 197 poses, 45 l'ont été avec 4 bêtes, et sur 26 $^{1}/_{2}$, la charrue a été suivie par la houe traînée par 2 bêtes; 25 poses ont été butées deux fois.

Les attelages ont conduit :

534 chars, à 4 chevaux contenant environ chacun 60 pieds cubes d'engrais d'écurie.

233 chars attelés également de 4 bêtes, contenant chacun 50 pieds cubes d'engrais Jauffret.

320 chars attelés de 2 bêtes, du même engrais : ces chars, soit tombereaux, contiennent chacun 26 pieds cubes.

650 tombereaux de terre, conduite sur des champs.

680 tombereaux de terre, destinée à fabriquer l'engrais Jauffret, et à former une couche de 5 à 6 pouces, sous les courtines.

1100 tombereaux de marne conduite sur des champs ou des prés.

145 chars de pierres pour des coulisses souterraines.

 42 chars de sable et gravier.

 85 chars de bois.

215 chars de premier foin, qui ont produit, mesurés à la fin de l'année, 327 toises de 216 pieds cubes.

107 chars de regain qui ont produit, 142 toises de 216 pieds cubes.

 63 chars de colza.

 28 de seigle.

 94 de froment.

 71 d'avoine.

 75 chars à 4 bêtes, et pesant environ 50 quintaux, de pommes de terre, betteraves, rutabagas, et carottes.

4440

Au printemps, étant fort pressé par la conduite des fumiers, les labours, et le charroi de pierres pour aqueducs, j'ai fait atteler pendant quelques jours 2 vaches : elles ont également rentré pendant tout l'été le fourrage vert pour 23 bêtes. Attelées pendant 2 ou 3 heures, elles ne diminuent pas de lait, et c'est un supplément qui peut être fort utile, mais je ne trouve pas du tout avantageux de remplacer complétement un attelage de bœufs ou de chevaux par des vaches, et suis, au contraire, persuadé que l'ouvrage exécuté par elles, coûtera plus que par des chevaux ou des bœufs. Dans la commune que j'habite, les cultivateurs qui emploient habituellement des vaches, les remplacent dès qu'ils le peuvent par un ou deux chevaux. Lorsque je leur en ai demandé la raison, ils m'ont répondu, qu'un léger travail au char ne nuisait pas du tout à leurs vaches, mais bien les labours, ou des charrois lointains : pendant ces ouvrages ils étaient obligés de les nourrir beaucoup plus abondamment et malgré cela, la diminution du lait était très-grande, et durait plusieurs jours. Quelques grands propriétaires m'ont assuré, qu'ils s'étaient très-bien trouvés de faire exécuter leurs labours par 4 vaches, en ne les attelant qu'une demi journée, et que de cette manière, 8 vaches, faisaient autant, et même plus d'ouvrage que 2 bœufs. Si on les nourrissait très-bien, la diminution de lait n'était par jour et par bête, que d'environ un pot et demi de Vaud. J'admets tout à fait ce calcul, et malgré cela, je crois qu'un cultivateur qui aura de l'occupation pendant toute l'année pour un attelage de bœufs, pourra exécuter son ouvrage plus économiquement avec eux qu'avec des vaches. Voici comment j'établirais ce compte.

Labour avec 8 vaches attelées, 4 le matin, et 4 l'après diner.

Deux personnes pour conduire la charrue et les vaches à un franc. L. 2

Nourriture plus abondante donnée aux 8 vaches, à raison de un batz par jour et par bête. 80

Diminution d'un et demi pot de lait pour les 8, à 5 creutz le pot. 90

L. 3 70

Deux bœufs laboureront pendant une journée, une étendue un peu moindre, ce travail coûtera, ainsi que je l'ai établi précédemment. L. 3 20

On remarquera, que pour les vaches, je n'ai point fait entrer en ligne de compte comme pour les bœufs, l'intérêt, et l'usure de l'harnachement des bêtes et de la charrue.

Je trouve encore un très-grand inconvénient dans l'emploi habituel des vaches, c'est qu'il faut nécessairement les rentrer de bonne heure pour les traire, ce qui est très-désagréable pendant les récoltes. Dans ces moments-là, mes bœufs ont souvent été attelés depuis une heure à 8 heures du soir ce qui n'aurait pas été possible avec des vaches.

Les attelages des vaches sont surtout utiles aux petits propriétaires de 10 à 12 poses et en dessous, qui n'ont pas des terres bien éloignées de leurs habitations, et de bons chemins de dévétiture. Je connais plusieurs propriétaires de notre commune placés dans ces circonstances, qui se trouvent bien de l'emploi des vaches; ils labourent avec deux vaches, sans aide pour les conduire; mais dans ce cas, le labour, n'a guère que $2\,^1/_2$ pouces vaudois de profondeur, ce qui est décidément trop peu, soit pour un labour préparatoire d'arrière automne, soit après le trèfle ou l'esparcette. Quant à la convenance, d'employer plutôt des chevaux que des bœufs, je ne connais aucune localité de notre pays, où la différence de valeur de l'engrais, put décider en faveur des chevaux; j'estime au contraire, que l'engrais des bœufs, est bien plus profitable, même pour les terres les plus fortes de notre pays, que celui des chevaux, et que c'est un des avantages de ce genre d'attelage.

Pendant l'hiver de 1842 à 1843, j'ai découvert de la marne à 200 pas de mes bâtiments de ferme; elle était couverte de 4 à 5 pieds de terre que je fis enlever et employer pour l'engrais Jauffret. J'ai fait conduire de cette marne, (à raison de 100 tombereaux, de 26 pieds cubes par pose), sur 5 poses ensemencées le printemps suivant en avoine et trèfle, sur $2\,^1/_2$ poses de pré, sur $^1/_2$ pose de trèfle, $^1/_2$ de luzerne, $^1/_2$ d'esparcette, $^1/_2$ destinée à des pommes de terre, 1 pose ensemencée plus tard en colza, et enfin sur une pose qui a été plantée en betteraves. Mon but était, de m'assurer de l'effet qu'elle produirait sur ces différentes plantes : il a été très-visible partout, mais surtout sur le colza. Cette marne a été conduite par 4 attelages, chaque conducteur aidait à charger son tombereau , et il y avait en outre 5 ouvriers occupés à piocher et à charger ; un autre ouvrier l'étendait sur le champ à mesure qu'elle arrivait. Chaque attelage conduisait en moyenne, 12 tombereaux par jour. Pendant cette saison, on ne peut pas compter le travail d'un attelage de 2 bêtes , et du conducteur, à plus de 25 batz par jour. Les 4 attelages auraient donc coûté.   Fr. 10

4 ouvriers pour charger et décharger
à raison de 9 batz par jour,   3 60

Valeur de la marne à raison de ½ batz
par tombereau.   2 40

Les 48 tombereaux étendus sur le champ ,
reviendraient donc à   16

On voit par ce compte , que cet amendement dont l'effet doit se faire sentir au moins pendant 15 ans, revient à 32 fr. par pose , ce qui n'est certainement pas un prix élevé , et a l'avantage de procurer de l'occupation aux attelages, dans un saison pendant laquelle , on a peu d'ouvrage à leur faire exécuter.

Comme on a pu le voir , dans le relevé de l'ouvrage exécuté par mes attelages pendant l'année dernière , j'ai fait conduire une assez grande quantité de terre sur des parties basses de champs où l'eau séjournait quelquefois, ou sur les endroits ou la couche de terre végétale n'était pas très-épaisse , ce qui a souvent lieu dans les parties élevées. Cette terre provenait, de tertres que je fais niveler afin de pouvoir les labourer avec le reste du champ , et des bords des champs , qui sont ordinairement plus relevés que le milieu par l'effet des labours. Cette terre a été conduite à la fin du mois de Février, avant les labours de l'esparcette et de la luzerne , et dans le mois de Mai, après les semailles d'avoine, et avant la plantation des racines. Cette

opération produit une amélioration qui se fait sentir longtemps.

Pour appuyer ce que j'ai avancé dans mon mémoire sur
les systèmes de culture, que le travail pouvait compenser
ce que la succession des récoltes pouvait avoir de défectueux,
je dirai un mot des observations que j'ai faites ces dernières
années sur la culture des céréales se succédant 2 ou 3 fois
de suite. En 1839 je fis rompre une vieille esparcette dans
un champ de 4 poses, il fut semé en avoine, l'automne de la
même année en froment, en 1840 en seigle après avoir été
labouré deux fois : il fut de nouveau labouré d'abord après
la récolte du seigle, et dans le mois de Novembre à la profondeur d'un pied ; pour ce dernier labour, la houe suivait la
charrue. Afin de faire rentrer ce champ dans mon assolement,
il fut destiné à porter des racines en 1842 ; pour cet effet,
il fut hersé au commencement du mois d'Avril, fumé, et
planté en pommes de terre. La terre était si meuble, que
je suis convaincu, que j'aurais pu semer encore cette année-
là de l'avoine avec de la graine de trèfle, et que le tout
aurait bien réussi, puisque, malgré la sécheresse survenue
pendant l'été, qui n'a permis de butter les pommes de terre
qu'une seule fois, et qu'elles n'aient pas été sarclées à la
main, le champ est resté parfaitement propre. Le produit a
été de mille quarterons par pose. En 1840, je fis rompre
deux poses de pré, qui furent exactement traitées et ense-
mensées comme les 4 poses dont je viens de parler, avec
cette seule différence, que je fis semer du trèfle sur le seigle ;
ce trèfle fut si beau au mois de Septembre, que je le fis
faucher et sécher, et l'année dernière, il a produit autant
que celui semé après colza, froment, et avoine, et que celui
semé avec de l'avoine précédée par des racines.

Mes assolements ont subi depuis 2 ans, deux modifications ;
je tenais beaucoup à avoir chaque année une sole de trèfle

dans ma petite division, j'ai joint pour cet effet 4 poses de prés à cette division, qui a maintenant 13 soles. L'esparcette ne durera plus que 5 ans, la 10me année, je sèmerai de l'avoine fumée, la 11me du froment, la 12me produira du trèfle, la 13me du froment.

Afin de remplacer le seigle qui m'est absolument nécessaire à cause de la paille pour les liens, j'aurai toujours une sole de seigle dans ma grande division. Cette céréale vient très-bien après le froment, et le produit en argent vaut souvent celui du froment, si l'on tient compte de la valeur de la paille. Les 28 chars de seigle récoltés l'année dernière, provenaient de 7 poses, les 94 chars de froment de 58 poses, et les 71 d'avoine de 21 $^1/_2$ poses. On voit que j'ai semé l'année dernière plus de froment et moins d'avoine qu'à l'ordinaire ; les racines ayant été arrachées de fort bonne heure en 1842, une partie de ce terrain fut ensemencé en froment, au lieu de l'être en avoine au printemps, ce qui est sans inconvénient dans ma localité, lorsqu'on peut semer le froment au milieu d'Octobre.

A la fin du mois de Juillet 1842, je fis semer un mélange de poisettes, avoine et maïs, dans un champ de 2 $^1/_2$ poses qui avait porté du seigle ; ce mélange donna une si belle récolte pour la nourriture des vaches à l'écurie, que l'année dernière, toute ma sole de seigle fut ensemencée de la même manière, seulement je fis ajouter des pois à ce mélange. La récolte du seigle ayant été très-retardée, je ne pus le faire semer que les premiers jours du mois d'Août, la récolte a cependant encore été bonne, les poisettes et les pois étaient en fleurs au commencement d'Octobre. Les pois dépassaient ce mélange d'un demi pied, et l'ont beaucoup amélioré tant pour la qualité que pour la quantité, aussi, je me propose à l'avenir, d'en mettre toujours une mesure pour 4 d'avoine et de poisettes. Le maïs semé en seconde récolte, n'ayant pas répondu à mon attente, je le supprimerai.

J'ai reçu d'Hohenheim, en 1841, 2 livres de graine de poisettes d'hiver ; l'établissement l'avait tirée lui-même, il y a quelques années, de Valencienne, car cette graine n'était pas encore cultivée en Wurtemberg. Je sais que l'on en sème un peu dans quelques endroits de notre pays, mais je n'avais jamais pu m'en procurer. Ces 2 livres, mêlées avec 4 livres de seigle, furent semées dans un jardin et produisirent 5 quarterons : avec ces 5 quarterons, j'ai pu ensemencer 320 toises, qui ont produit 72 quarterons. J'ai l'intention, de semer chaque année de ce mélange, qui sera destiné à être fauché à la fin du mois d'Avril pour servir de premier fourrage aux vaches et bœufs, dans la partie de la sole racines, destinée à être plantée en rutabagas et betteraves, à la fin du mois de Mai ; de cette manière, on aura tout le temps nécessaire, après l'enlèvement de ce fourrage, pour conduire l'engrais et préparer le terrain pour ces racines.

Il m'a été facile de juger, l'année dernière, du bon effet produit par la houe qui suit la charrue des derniers labours d'automne, dans l'année qui précède l'ensemencement du colza, ou la plantation des pommes de terre. J'avais l'année dernière 12 poses de colza, 7 dans la grande division et 5 dans la petite : le terrain de la sole de la grande division est très-bon, mais parfaitement plat, par conséquent difficile à labourer de manière à ce que l'eau ne séjourne nulle part. Par contre, le terrain de la sole de la petite division, était celui qui passait pour être le plus mauvais de toute la ferme, lorsque mon domaine était cultivé par des fermiers : il est de même que le précédent parfaitement plat, mais il retient l'eau beaucoup plus fortement, en sorte que les années humides, les récoltes y étaient fort mauvaises. Cette sole fut semée sur ados, la sole de 7 poses sur terrain plat. Au printemps, le colza présentait la plus belle apparence et dépassait celui de tous les autres cultivateurs, d'au moins un pied et demi à deux pieds. Les colzas, en Vully, ont été en général fort mauvais, et une partie ont même dû être retournés, tandis que j'ai mesuré des tiges des miens, qui avaient 7 pieds de haut, et 1 pouce de diamètre. Si le produit en grain, (qui a été de 877 quarterons sur les 12 poses,) n'a pas répondu à la beauté de la plante, il faut l'attribuer aux pluies qui sont tombées sans interruption sur la fleur, et ont occasionné de la coulure, car une quantité des cilices, étaient, ou complétement vides, ou seulement remplis à moitié. Après la forte fumure donnée à ces deux soles, je dois attribuer la beauté de la plante, à l'emploi de la houe, qui, en ameublissant la terre à la profondeur d'un pied et demi, a procuré l'écoulement de l'eau, et a permis aux racines de s'étendre davantage. Le produit de la sole, cultivée en pommes de terre, betteraves et carottes, a été très-satisfaisant l'année dernière; 800 quarterons de pommes de terre par pose, 350 quintaux de betteraves, 250 quintaux de carottes sur une demi-pose. Cette même sole, cultivée en racines en 1831, n'avait produit dans la partie basse du champ qu'une très-mauvaise récolte de betteraves, à cause de l'excès d'humidité. Les conditions de température ayant été les mêmes l'année dernière, je ne puis trouver la différence du produit, que dans l'emploi de la houe.

Mes instruments agricoles ont été augmentés depuis deux ans, de 2 tombereaux pour la conduite de la marne et de la terre : je ne fais du reste établir que la caisse et l'essieu de derrière, les roues, et le train de devant servent en même temps aux chars à échelles, dont on ne fait jamais usage, lorsqu'on charrie, soit de la terre, soit de la marne.

J'ai fait venir l'automne dernier d'Hofwyl, un semoir pour semer les céréales : jusqu'à présent, je n'avais jamais été tenté d'en faire l'acquisition, ayant trouvé ceux que j'avais vu fonctionner, trop légèrement construits, et par conséquent sujets à de fréquentes réparations, mais celui que je vis chez M. Perrin fermier à Valeried, m'engagea à en faire l'essai ; il est construit très-solidement et ne coûte que L. 200. Quoique j'aie été satisfait de cet instrument, je n'ai pu m'en servir que pour l'ensemencement de 16 poses, sur 45 que j'ai semées en graines d'hiver. Comme on l'a vu dans la notice qui précède, j'ai l'habitude de faire labourer d'avance le terrain qui a porté du trèfle. L'année dernière, les 16 poses qui avaient eu du trèfle, étaient labourées au commencement de Septembre, avant que la sécheresse ne fut venue mettre obstacle à ce travail ; à la fin du même mois, il tomba assez de pluie pour permettre de semer les champs déjà labourés, mais elle aurait été tout à fait insuffisante pour mettre en état de labourer des trèfles ou des esparcettes. Dans ce cas-ci, le semoir n'avançait pas assez, et il aurait employé un cheval qui était nécessaire ailleurs, tous mes attelages devant être occupés à herser avec de grandes et de petites herses, jusqu'à ce que le terrain soit comme un jardin. Deux hommes peuvent semer à la main, de 7 à 8 poses par jour, tandis que, si l'on ne veut pas changer de chevaux, le même cheval attelé au semoir ne peut semer plus de 4 poses. Le semoir a un autre inconvénient, c'est qu'il ne peut être employé immédiatement après la pluie, ce qui n'empêche nullement de herser et semer à la main, et lorsqu'on a un mois d'Octobre aussi pluvieux que le dernier, il n'y a pas moyen d'attendre toujours un temps parfaitement favorable ; il vaut donc mieux, pour avancer l'ouvrage, semer à la main, dès que toutes les conditions ne sont pas favorables pour le semoir. Ce ne sera qu'à la récolte de cette année, que je pourrai juger de la différence de produit, des graines semées avec le semoir ou à la main. Dans ce moment celle semée au semoir est plus égale et plus épaisse que celle semée à la main; j'espère qu'elle sera également moins sujette à verser, ce qui arrive quelquefois à mes froments semés après avoine ou colza, la terre étant trop meuble et trop riche après ces deux récoltes.

J'ai reçu, au mois de Novembre dernier, un coupe racines de la fabrique d'Hohenheim : c'est le meilleur que j'aie vu jusqu'à présent; il a une grande roue en fer fondu, qui est munie de 4 couteaux, et la caisse en bois de chêne, qui est destinée à contenir les racines peut, au moyen d'un mécanisme fort simple, être rapprochée de la roue à volonté, suivant que l'on veut avoir des tranches plus ou moins épaisses. On peut aussi bien couper avec cette machine les plus petites pommes de terres que les plus grosses betteraves. Deux hommes coupent, pendant une heure, 11 quintaux de racines, nécessaires à la nourriture de chaque jour de mon bétail. Cet instrument coûte, pris à la fabrique, L. 75. J'ai par contre, dans mes remises, plusieurs instruments, qui sont de véritables garde-magasin; j'en fais mention ici, afin d'engager les personnes qui commencent l'exploitation d'un domaine, à bien s'assurer de l'utilité d'un instrument, avant d'en faire l'acquisition. Ces instruments sont deux extirpateurs; je ne m'en sers plus, trouvant que les fortes herses, font l'ouvrage plus promptement, et plus économiquement : un hache paille du mécanicien Schenk, très-bon, si l'on pouvait le faire mouvoir par un manége, mais beaucoup trop pénible pour être mis en mouvement par des hommes; enfin je possède encore une machine à concasser l'avoine, dont l'emploi ne m'a jamais paru satisfaisant.

Depuis l'envoi de ma lettre du 15 Avril 1842, sur l'exploitation de mon domaine, j'ai passablement augmenté mon bétail : la récolte abondante de pommes de terre en 1842, en a été la cause. Ne voulant pas les vendre au prix du marché de Neuchâtel, qui était d'à peine 2 batz le quarteron, j'ai acheté des vaches pour les consommer : j'en ai hiverné 15, 2 génisses, et j'ai élevé 8 veaux. Chaque vache mangeait par jour, 15 livres de foin et 40 livres moitié betteraves, moitié pommes de terre. Les betteraves n'ayant duré que jusqu'au milieu de l'hiver, les vaches reçurent, dès lors, 32 livres de pommes de terre par jour, et je n'ai pas remarqué que cela leur ait fait le moindre mal. J'ai gardé chez moi les vaches pendant l'été, et ai envoyé les veaux à la montagne, étant convaincu que je les nourrirais de cette manière plus économiquement et qu'ils deviendraient plus robustes. Cet hiver j'ai 17 vaches, 6 bœufs de travail, et 12 génisses et veaux. Les pommes de terre étant trop chères, et ayant beaucoup récolté de betteraves, je leur fais donner chaque jour, 43 livres de betteraves et rutabagas, et 15 livres de foin. Les veaux reçoivent 8 livres de carottes, et 10 livres de foin. Voici comment cette nourriture est donnée : à 5 heures du matin, du foin et du regain mêlés, à 6 heures une seconde portion de foin, à 7 heures on les fait boire à la fontaine, un quart d'heure après, on leur donne des racines, puis ensuite de la balle des différentes espèces de graines, ou de la bonne paille d'avoine. L'après dîner, on recommence à 3 heures à leur donner à manger, et elles reçoivent la même nourriture, donnée de la même manière que le matin.

Jusqu'à présent, j'ai commencé à faire nourrir au vert mes vaches et bœufs, les premiers jours du mois de Mai, en commençant par l'herbe d'un pré, situé au-dessous de mes bâtiments de ferme, ou par du seigle précédant les racines; je leur fais donner ensuite de la luzerne, puis du trèfle, et enfin des poisettes et avoine mêlées. L'année dernière, mon bétail a été nourri au vert jusqu'au commencement de Novembre, avec les dernières coupes de luzerne et d'esparcette. Une sole de cette dernière plante a fleuri 3 fois, les deux premières coupes ont été séchées, et la 3ᵐᵉ donnée à l'écurie, enfin j'ai fini avec le mélange de poisettes, maïs, avoine et pois, dont j'ai parlé plus haut. A 4 heures du matin, un ouvrier fauche chaque jour l'herbe nécessaire pour la journée, elle est amenée à la grange à 7 heures, par mes vaches. S'il n'y a pas suffisamment de rosée, j'ai soin de la faire humecter à la grange, ayant remarqué que l'herbe fanée occasionnait souvent la météorisation, tandis que cela n'arrive pas, lorsque l'herbe est humide. Quand le bétail est nourri au vert, on commence à lui donner à manger à 4 heures du matin; on lui donne l'herbe par petites portions plusieurs fois de suite, et autant qu'il en peut manger, sans en laisser dans les crèches. On ne fait boire les vaches qu'une fois, à 4 heures du soir, avant de leur donner à manger pour la seconde fois.

J'ai vendu en 1842 au fruitier qui vient ici chaque année, 290 toises de foin et regain. En 1843, il en a eu 296, et 62 vaches ont été nourries au vert au printemps pendant 12 jours, il me payait 3 batz par bête et par jour pour cette herbe, rendue dans les granges. Le mesurage du foin se fait un mois après l'arrivée des vaches de la montagne, c'est-à-dire, quand le tassement a eu lieu, et que la fermentation est complétement arrêtée. Je crois qu'on peut évaluer l'un dans l'autre approximativement, une toise de foin et regain, à 8 ½ quintaux, lorsque les tas ont, comme les miens, 21 pieds de hauteur et que la récolte du foin a lieu avant la maturité des herbes. En comptant qu'il faille déduire 15 batz par toise, pour la valeur des objets que je livre à mon fruitier, et le pâturage de 60 vaches pendant 8 jours, mon foin serait vendu à 12 $^1/_4$ batz le quintal, prix auquel il faut ajouter la valeur du fumier produit.

Chaque vache reçoit de 12 à 15 livres de paille pour litière par jour : celles de mon fruitier, ainsi que les miennes, sont de la grande race de la Gruyère. Cette litière n'est pas trop abondante pour des bêtes bien nourries, lorsqu'on la laisse séjourner deux jours à l'écurie ; de cette manière le fumier est de meilleure qualité, parce que la paille se charge d'une plus grande quantité de lizé ; il peut dans ce cas être employé de suite, ce qui est une des meilleures pratiques agricoles, et il ne se diminue pas par la fermentation, comme cela arrive lorsqu'on le laisse en tas pendant 8 ou 9 mois, ce qu'on fait dans quelques parties de notre pays.

Chaque année je remarque une augmentation de fertilité dans mes champs, et partant dans les produits : l'année dernière j'ai été obligé, pour être à même de serrer toutes mes récoltes, de convertir en engrais, au moyen de la lessive Jauffret, la plus grande partie des cilices et de la paille de colza. Ce résultat, qui n'a point été obtenu par l'achat d'engrais, puisque je ne dépense annuellement, pour les matériaux nécessaires à la confection de l'engrais Jauffret et pour le gypse, qu'une somme de 225 fr., me paraît utile à constater. J'ai employé pour y arriver, des moyens différents de ceux conseillés par la plupart des Suisses et des Français qui ont écrit sur l'agriculture, c'est-à-dire, en ne cultivant des racines destinées à la nourriture du bétail, que sur une petite échelle, et en semant autant de céréales que je pourrais le faire, si je suivais l'assolement triennal perfectionné, en sorte que mes produits destinés à la vente, ont suivi une augmentation proportionnée à celle des produits destinés à la nourriture du bétail.

Depuis quelques années, j'occupe un plus grand nombre d'ouvriers que dans le commencement de mon exploitation, cette augmentation de frais n'est cependant pas en rapport avec l'augmentation des produits, ce qui tient en partie à la manière dont les ouvrages se succèdent. Le battage des grains, la confection de l'engrais Jauffret, le charriage des terres, la conduite et la façon du bois à brûler, etc, remplissent les intervalles que laissent la culture et la rentrée des récoltes; la manière dont celles-ci se suivent fait qu'il y a rarement presse, et jamais interruption dans les travaux d'été. Si actuellement je ne manque jamais d'ouvriers, je le dois à ce que je puis occuper le plus grand nombre d'entr'eux pendant toute l'année, et non point à un avantage de la localité, puisque j'entends souvent mes voisins se plaindre de la difficulté de s'en procurer. Si je suis entré dans tant de détails, c'est afin de mettre au jour, d'une manière pratique, plusieurs choses que j'ai avancées dans mon mémoire sur les systèmes de culture, et de prouver aux agriculteurs de notre pays, qui suivent l'assolement triennal, qu'ils peuvent très-bien le conserver, et cependant introduire les perfectionnements nécessaires pour atteindre, et bien souvent dépasser, les produits obtenus au moyen d'un assolement alterne qui ne leur conviendrait pas.

LETTRE AU COMITÉ DE LA SOCIÉTÉ RURALE ET DOMESTIQUE DU CANTON
DE VAUD, SUR LES DIFFÉRENTS SYSTÈMES DE CULTURE.

Messieurs,

Si je me permets de traiter un sujet qui l'a déjà été par
des hommes tels que Thaer, Schwertz, Pictet, Bourger,
Matthieu de Dombasle et autres, ce n'est assurément pas
dans le but de vous donner un traité complet sur cette partie de l'agriculture ; je me propose, au contraire, de ne
vous entretenir que de ce qui peut intéresser les cultivateurs vaudois. Je commencerai par tracer en quelques
mots, l'histoire des différents systèmes de culture des pays
que j'ai parcourus, ou qui sont connus par de bonnes des-
criptions.

Le premier système de culture, fut la culture alterne
avec prairies et pâturages. Ce système suivit immédiatement l'état nomade. Le produit des troupeaux étant devenu
insuffisant pour l'entretien de la population sédentaire,
celle-ci cultiva chaque année en céréales, la plus mauvaise
partie du pâturage, qui était abandonnée l'année suivante
et se couvrait de nouveau d'herbe. La meilleure partie du
pâturage était fumée et produisait du foin pour l'entretien
du bétail pendant l'hiver.

Telle était l'agriculture d'une grande partie de l'Europe avant l'occupation des Romains : Tacite dit en parlant des Germains : « Ils changent chaque année de champ, parce qu'ils en ont en abondance. » Ce système est suivi, encore à l'heure qu'il est, mais avec des modifications, apportées par l'augmentation de la population et le renchérissement des terres, dans une partie de la Suisse et dans la partie montagneuse de l'Autriche, où il est connu sous le nom d'Egartenwirthschaft. Là, la culture alterne avec prairies, et le bétail est conduit en été sur les hautes Alpes. Il est encore suivi dans le Holstein, où il est connu sous le nom de Koppelwirthschaft, et où la culture alterne avec pâturages. Le bétail est nourri en hiver avec le produit de quelques prairies permanentes, et surtout avec de la paille.

Le second système fut celui suivi par les Romains, qui divisaient leurs champs en deux parties égales, l'une en céréales, l'autre en jachère. Ils avaient à côté de leurs champs des pâturages pour la nourriture du bétail en été, et des prairies pour la nourriture d'hiver. Ce système est encore suivi dans quelques parties des provinces Rhénanes, dans sa pureté primitive ; dans d'autres, la jachère a été remplacée par des plantes sarclées. Des provinces du Rhin, cette méthode de culture a été importée en Angleterre, d'abord dans le comté de Norfolk, pays de terres légères, où, par conséquent, l'assolement triennal ne convenait pas, puis dans d'autres parties de ce pays, où elle a subi des modifications qui la font rentrer dans le cinquième système.

Lorsque la population se fut fort accrue en Italie, les Romains trouvèrent que trois céréales en six ans n'était pas assez ; ils firent suivre à la céréale d'automne, une céréale de printemps, et la jachère ne revint que tous les trois ans. Ce fut là le troisième système.

Cette méthode de culture se répandit depuis l'Italie dans

une grande partie de l'Europe soumise aux Romains. Plus tard elle fut prescrite par les Capitulaires de Charlemagne, et fut obligatoire pour tous les pays soumis à sa domination. Elle est encore forcément suivie dans une grande partie de l'Allemagne à cause de la dîme.

L'introduction de la culture du trèfle et des racines, dans la portion autrefois en jachère, qui permit de nourrir le bétail à l'écurie pendant l'été, a amené le quatrième système. Avec lui ont disparu les pâturages, qui ont été convertis en terres labourables, ainsi qu'une partie des prairies qui ne pouvaient pas être irriguées.

Le cinquième système enfin, consiste à ne pas faire suivre deux céréales, et à cultiver entre deux des plantes fourragères, propres a être fauchées ou pâturées, des racines, des plantes à cosses ou de commerce. Ce système est une modification de l'ancienne agriculture romaine et s'appelle culture alterne.

J'examinerai maintenant, Messieurs, chacun de ces différents systèmes en particulier, en insistant sur les modes de culture qui pourraient être appliqués avec avantage dans notre canton.

Le premier système modifié, et qui est suivi dans une grande partie des cantons de Berne et de Fribourg, consiste à ouvrir les prés naturels, soit à intervalles égaux, soit, le plus souvent, en soumettant à la culture ceux dont le produit diminue, à les ensemencer pendant deux ou trois ans en céréales, et à les abandonner ensuite, en ayant soin cependant de fumer abondamment pour la dernière céréale. La terre se couvre dès l'année suivante d'une très-belle herbe qui est arrosée chaque année avec du lizé. Lorsque l'on examine attentivement la nature de ces herbes, on voit que le chiendent y entre pour une bonne part, ce qui nuit naturellement à la culture des céréales.

Voici quelques exemples des assolements suivis dans le Salzbourg et en Styrie, donnés par Bourger, dans son *Lehrbouch der Landwirthschaft*. Vienne, 1823.

1re Année : Seigle fumé ;
2e — Froment d'été, fumé ;
3e — } Prairies.
4e —

1re Année : Froment d'été ;
2e — Avoine ;
3e — Seigle d'hiver, fumé ;
4e —
5e — } Prairies.
6e —

1re Année : Froment d'été , fumé ;
2e — Avoine ;
3e — Seigle de printemps, fumé ;
4e —
5e — } Prairies.
6e —

Le professeur Göritz, dans son Mémoire intitulé : *Beiträge zur Kenntniss der Württembergischen Landwirthschaft*, Stuttgart, 1841, indique aussi plusieurs exemples de rotations qui appartiennent à la même catégorie. Elles ont cependant cela de particulier, que les rotations sont beaucoup plus longues que dans le canton de Berne et dans les parties de l'Autriche, dont parle Bourger, et que l'on sème quelquefois du trèfle avec la dernière céréale , afin d'avoir une prairie mieux garnie dès la première année.

Premier exemple : Assolement suivi pour les meilleures terres du cercle de Neuenburg.

1re Choux, après gazon écobué et fumé ;
2e Seigle d'hiver ;
3e Lin ;
4e Seigle d'hiver ;
5e Avoine ;
6e Avoine fumée ;
7^e
8e } Trèfle.

Pendant 4 ou 8 ans, prairies chaque année un peu fumées.

Deuxième exemple : Assolement suivi pour les mauvaises terres du même cercle.

1re Raves, après gazon écobué et fumé ;
2e Seigle d'hiver ;
3e Pommes de terre ;
4e Seigle d'hiver fumé ;
5e Avoine ;
6e Avoine fumée.

Pendant 6 ans, prairies.

Troisième exemple : Assolement suivi à Altbourg, cercle de Kalw.

1re Choux ou raves, après gazon écobué et fumé ;
2e Seigle d'hiver ;
3e Lin ;
4e Epeautre fumé ;
5e Avoine ;

6° Avoine ;

7° Pommes de terre fumées ;

8° Epeautre avec graine de trèfle.

Le trèfle est fauché plusieurs années de suite, puis sert de pâturage.

———

Quatrième exemple : Assolement suivi à Altbulach, cercle de Kalw.

1re Choux fumés avec du lizé ;

2e Orge d'été fumé ;

3e Trèfle ;

4e Epeautre fumé ;

5e Avoine ;

6e Pommes de terre ;

7e Epeautre fumé ;

8e Avoine.

Pendant 8 ou 9 ans, prairies pâturées chaque année au mois d'octobre.

———

Cinquième exemple : Assolement suivi à Schwartzenberg, dans le Mourgthale, cercle de Freudenstadt.

Les 4 premières années comme ci-dessus ;

5e Lin ;

6e Orge d'été ou seigle d'été fumé ;

Pendant 6 ans, prairies.

———

Enfin, je trouve dans l'ouvrage de Bourger, intitulé : *Reise durch Ober-Italien*, Vienne, 1831, la description de plusieurs assolements des parties arrosées de la Lombardie qui rentrent dans le système qui nous occupe. Dans la province de Lodi :

1er Lin, la moitié du champ est fumé ; dans la partie fumée on sème du millet en récolte dérobée ;

2e } Froment après millet ;
   } Maïs fumé ;

3e } Froment après maïs ;
   } Prairies après froment ;

4e }
5e } Prairies fumées chaque année.
6e }

Bourger ajoute que l'on ne sème aucune graine d'herbe dans la dernière céréale, et que cependant il a remarqué que la première année, le champ était couvert de trèfle blanc.

Pour que les champs se gazonnent facilement, il faut un bon terrain, un climat un peu humide, ou bien, comme en Lombardie, des terres arrosées. Ces assolements ont cela de bon, qu'ils n'épuisent pas la terre, qui s'enrichit plutôt chaque année, qu'ils exigent peu de bras ; mais, sauf en Lombardie et dans quelques contrées de la Forêt-Noire, la terre ne produit pas par ce moyen, ce qu'elle serait suscep-tible de produire. Je crois cependant que quelques-uns de ces assolements pourraient être suivis avec avantage dans nos basses Alpes et les montagnes basses du Jura.

Je traiterai le second système avec le cinquième, puis-que, ainsi que j'ai eu l'honneur de vous le dire, Messieurs, ce dernier n'est qu'une modification du second. Je passerai donc actuellement aux troisième et quatrième systèmes, l'assolement triennal, qui intéresse plus particulièrement notre canton, puisqu'il y est encore généralement suivi.

Lorsque l'assolement triennal est celui de toute une com-mune, les champs du territoire sont divisés en trois parties à peu près égales, appelées chez nous pies. Bon nombre des territoires de nos communes sont encore divises de cette manière.

La première division s'appelle Brachfeld, champs en jachère ;

La seconde : Winterfeld, champs des céréales d'hiver ;

La troisième : Sommerfeld, champs des céréales d'été.

Je donne ici les noms allemands, pour mettre en garde quelques personnes, qui croient à cause de ces noms, que la jachère morte est conservée dans quelques parties de l'Allemagne, quoique ce ne soit pas le cas, mais les Allemands donnent le nom de Brachgeuæchse, plantes jachères, à toutes les plantes cultivées dans cette division. On comprend que chaque propriétaire doit avoir dans chacune de ces trois divisions, un nombre à peu près égal de champs, afin d'avoir toutes les années la même quantité de produits de la même espèce. L'assolement triennal, dans sa pureté primitive, avait besoin d'une grande quantité de pâturages permanents et de prairies, pour que les produits en céréales fussent beaux. Actuellement, il n'est suivi de cette manière que dans bien peu de pays qui ont un climat rude, des terres très-fortes, qui empêchent la culture des racines et du trèfle, et peu de population. Je ne l'ai vu que dans la Haute-Souabe, où les terres sont si fortes qu'on voit souvent cinq paires de bœufs attelés à une charrue. L'introduction de la culture du trèfle, dans la partie autrefois en jachère, qui eut lieu à la fin du siècle dernier, a amené une révolution complète dans ce système et a produit des résultats étonnants. Depuis lors, on put joindre aux champs la totalité des pâturages, et augmenter ainsi d'un tiers les produits en céréales, tout en augmentant le bétail qui fut mieux nourri à l'écurie qu'auparavant au pâturage. Aussi l'homme qui a le plus contribué à faire introduire cette plante dans les assolements, Schoubart, Saxon, fut-il annobli et reçut-il le nom de Von-Kleefeld. Mayer de Koupferzell a rendu également de grands services à l'agriculture, en faisant connaître l'influence du gypse sur le trèfle et les plantes de la même famille. Avant que la culture du trèfle fut bien connue, plusieurs cultivateurs, trouvant que cette plante, remplaçant la jachère morte, était fort avantageuse, la firent revenir tous les 3 ans; mais ils ne tardèrent pas à s'apercevoir des mauvais effets de ce retour trop prompt. Le chiendent disputait souvent la place à cette plante utile, et la culture des céréales d'hiver en souffrait beaucoup. On fut donc obligé de conserver la jachère dans la moitié de cette division et de la faire revenir, de cette manière, tous les 6 ans à la même place. Peu de temps après l'introduction du trèfle, on commença à cultiver dans la partie laissée auparavant en jachère morte, des racines et surtout des pommes de terre. Dès ce moment, l'assolement triennal, qui a conservé ses anciennes divisions, a tellement changé d'aspect, que bien des personnes ne se doutent pas, en parcourant certains pays, cités par leur excellente culture, qu'ils ont conservé cet assolement. La culture des racines permit d'utiliser beaucoup mieux la paille, soit comme nourriture, soit comme engrais ; car il ne faut pas perdre de vue que tout se lie dans les assolements. Outre les racines, on introduisit encore dans cette division les plantes dites de commerce.

Le dernier degré de perfection auquel on soit arrivé dans l'assolement triennal, c'est de cultiver dans la division jachère ainsi que cela se fait généralement dans les parties les mieux cultivées du Wurtemberg, et dans le grand Duché de Bade, surtout dans les environs de Heidelberg, deux sixièmes en trèfle, un sixième en racines et 3 sixièmes en plantes de commerce. Mais comme avec cet arrangement, il n'y a pas assez de terrain destiné à la nourriture du bétail, on est obligé de semer des raves ou des carottes en seconde récolte, après une des céréales d'hiver.

Quelques écrivains agricoles, fort distingués, entr'autres Thaer, ont prétendu qu'avec l'assolement triennal, il était impossible d'entretenir les champs dans un état satisfaisant de propreté, sans faire revenir la jachère morte au moins tous les 9 ans. Mais l'expérience des pays que je viens de citer, est là pour contredire en plein cette assertion. Il faut dans ce cas, et c'est aussi ce qui a lieu, que toutes les plantes semées dans la division jachère, soient sarclées avec beaucoup de soin, ainsi que les racines semées en seconde récolte, et que les champs de céréales soient retournés d'abord après moisson; on le fait surtout lorsque l'on fait suivre la céréale d'hiver d'une récolte dérobée. Les habitants du Palatinat ont un proverbe qui prouve l'importance qu'ils mettent à ce que la terre soit promptement retournée lorsqu'ils veulent semer des raves : « Celui qui veut » semer des raves en seconde récolte, doit attacher sa » charrue au char qui va chercher la moisson. »

Voici les plantes que j'ai vu cultiver dans la division jachère du Wurtemberg et des environs d'Heidelberg : du chanvre, du lin, des pavots, du maïs, des pommes de terre, du tabac, des choux à trompettes, en grande partie pour vendre, des betteraves, des rutabagas, des carottes, du colza, suivi d'une récolte dérobée, de la chicorée. Cette division, dans ces pays-là, est un vrai jardin et des mieux cultivé. Je ne puis dire combien l'aspect d'un pareil jardin, de quatre à cinq cents poses, comme on en rencontre dans la grande plaine du Wurtemberg qui s'étend jusqu'à l'Alpe, est beau; en parcourant cette plaine, tout Suisse français est obligé de convenir, que pour ce qui regarde la culture des champs, son pays est bien en arrière et a de grands progrès à faire pour en approcher.

C'est grâce à cette belle culture , que les terres du Grand-Duché de Bade, qui avoisinent Heidelberg, ont atteint le prix de 100 à 120 louis notre pose , malgré que tous les produits agricoles se vendent à plus bas prix que chez nous.

Dans les pays où la terre est très-divisée, quand on cultive du colza, il est semé après la récolte d'avoine de l'année précédente et sur un seul labour. Sans doute que dans cette position, il vaudrait beaucoup mieux le cultiver par la transplantation , ainsi que cela se pratique en Flandre et en Belgique. On sème du reste peu de colza dans le Wurtemberg, dans les endroits où la terre est très-divisée. Par contre, là où les propriétés sont plus grandes, on en cultive beaucoup ; on supprime la dernière céréale d'été, mais pour ne pas avoir de jachère morte, on sème après la céréale d'hiver, du seigle destiné à être fauché en vert au printemps suivant. Le produit de ce seigle est souvent considérable, et a cela de précieux, qu'il peut être fauché 15 jours plus vite que toutes les autres herbes.

Le professeur Pabst, dans son ouvrage intitulé : *Anleitung zur Rindviehzucht*. Stuttgart, 1829, dit qu'en 1823, on a nourri à Hohenheim, pendant 13 jours, un troupeau de 80 bêtes à cornes, composé pour les deux tiers de vaches et pour un tiers de jeunes bêtes, avec le produit de 2 ¼ poses vaudoises semées en seigle ; il ajoute qu'en comptant seulement 18 livres par bête et par jour, de cette herbe, réduite à la valeur du foin, chaque pose aurait donné un produit égal à la valeur de 86 quintaux de foin.

Les grands domaines qui cultivent du colza ont, en général, l'assolement suivant :

1. Seigle fauché en vert ;
2. Colza ;
3. Froment ou épeautre ;
4. Orge ;

5. $^2/_3$. trèfle. $^1/_3$ racines ;

6. Epeautre, suivi d'une récolte dérobée de raves.

Quelques contrées du Wurtemberg se livrent en grand à la culture du lin et du chanvre. Ces cultures ont l'avantage de donner de l'occupation à la population pendant l'hiver, sans avoir l'inconvénient des fabriques. Les plus petits cultivateurs achètent des grands propriétaires, leurs récoltes sur pied, arrangement également avantageux à tous deux.

Les cultivateurs du Palatinat, ne sèment que fort rarement des raves après la céréale d'hiver qui précède le trèfle, mais presque toujours après celle qui le suit. Ils ont remarqué que les raves, quoique arrosées avec du lizé, et parfaitement sarclées, épuisaient le terrain et nuisaient beaucoup à la bonne réussite du trèfle, mais pour utiliser ces champs, ils ont une coutume qui est fort louée par Schwertz dans son ouvrage : *Ueber den Ackerbau der Pfälzer*, et qui consiste à semer des vesces d'abord après l'enlèvement de l'épeautre, et à les retourner pour engrais. L'orge et le trèfle qui suivent sont sensiblement plus beaux et cette différence paye amplement la dépense des semens.

Plusieurs écrivains français ont avancé que le trèfle n'était jamais beau dans l'assolement triennal, mais l'expérience les contredit entièrement. D'après ce que dit Schmalz, on ne trouve nulle part d'aussi beaux trèfles que dans le pays d'Altenbourg. Il donne le produit moyen, de trèfle séché à 100 quintaux par pose vaudoise, et il ajoute que beaucoup de cultivateurs ont dû renoncer à en laisser pour graine parce qu'il était trop fort. Dans ce pays-là, on trouve comme dans le Palatinat et en Wurtemberg, généralement une pose de pré pour 5 ou 6 de champs.

C'est une question très-controversée, encore à l'heure qu'il est, en Allemagne, de savoir si l'assolement alterne convient mieux à un pays, dont le sol est bon et très divisé, que l'assolement triennal perfectionné. L'année dernière, la société d'agriculture de Saxe-Altenbourg, composée de propriétaires et de fermiers, a envoyé deux de ses membres pour examiner avec soin quelques grands domaines du midi de l'Allemagne, qui ont adopté des assolements alternes, afin de pouvoir décider en connaissance de cause, si ces assolements conviendraient à leur pays, et ils odt conseillé de conserver l'assolement triennal.

Les personnes qui désireraient connaître l'agriculture de pays cultivés d'après ce système, pourraient lire la brochure du Professeur Rau, intitulée : *Ueber die Landwirthschaft der Rheinpfalz.* Heidelberg, 1830 ; puis : *Die Altenbourgsche Landwirthschaft beschrieben von Friedrich Schmalz.* Leipzic, 1820.

Je pense, Messieurs, que toutes les parties de notre pays qui ont un bon sol et pas trop de vignes, (car le Palatinat et plusieurs vallées du Wurtemberg en possèdent aussi), peuvent fort bien conserver l'assolement triennal, qui offre un avantage qu'il ne faut pas perdre de vue, c'est la facilité qu'il donne aux cultivateurs d'arriver à leurs champs, lorsque les cultures l'exigent, sans s'expóser à gâter les récoltes de leurs voisins. Dans le Vully, où l'on n'a pas conservé cette division en 3 parties, il arrive continuellement qu'on est fort embarrassé pour conduire ses engrais, labourer son champ ou sortir ses récoltes. Il faudrait avec les assolements libres multiplier beaucoup les chemins de devétiture pour faciliter la culture.

Maintenant, il ne me resterait plus qu'à examiner le second et le cinquième systèmes ; mais auparavant, je crois utile de dire quelques mots pour faire connaître sur quoi s'appuie la théorie moderne des assolements, théorie qui devrait toujours être fondée sur des observations faites dans la nature, mais qui l'a souvent été sur des observations trop partielles. Au surplus, elle n'est pas encore et en sera peut-être jamais sans réplique, puisque l'influence du climat, du sol, des engrais, du travail, amène de grandes différences, dont il est bien difficile de toujours tenir compte.

Depuis que la terre est cultivée, on a constamment observé que les produits du sol étaient plus beaux, s'ils ne revenaient pas deux ou plusieurs fois de suite à la même place. Les anciens écrivains romains : Columel, Pline, Virgile, insistent sur la convenance d'alterner les plantes, et la plupart des écrivains modernes sont parfaitement d'accord sur cette convenance. Les plantes offrent entr'elles une grande différence pour le retour rapproché ; quelques-unes peuvent se succéder sans interruption plusieurs années, ou même indéfiniment ; mais hâtons-nous de dire que ce n'est presque jamais avantageux, puisque dans ce cas, à moins d'avoir à faire à un sol vierge, on est obligé de fumer toutes les années, chaque plante ne se nourrissant que d'une certaine partie des sucs. Nous avons chez nous l'exemple d'une plante qu'on fait toujours revenir à la même place avec succès, c'est le chanvre, mais sous la condition qu'on le fume toutes les années. Le tabac peut indéfiniment revenir à la même place, ainsi que les topinambours, le seigle, l'avoine et l'orge. Bourger raconte qu'un boucher a semé pendant 20 ans de suite, de l'orge de printemps à la même place, en fumant chaque année abondamment avec du fumier de mouton. Schwertz, dans le 3ᵐᵉ volume de son ouvrage : *Anleitung zum pracktischen Ackerbau.* Stutgart, 1840, parle d'un garde forestier, qui a planté pendant 32 ans de suite des pommes de terre à la même place ; mais il ajoute que les dernières années, elles n'étaient pas venues plus grosses que des noix ; aussi, ne compte-il pas les pommes de terre dans le nombre des plantes qui peuvent se succéder impunément. On sera peut-être étonné de trouver le seigle nommé dans le nombre des plantes qui peuvent être cultivées plusieurs années de suite : cela a cependant lieu dans quelques contrées du nord de l'Europe , malgré le peu de temps que l'on a pour préparer le terrain entre la récolte et la semaille de cette plante. Dans la province de Drenthe, qui possède un sol très-sablonneux , dont la culture a été très-bien décrite par M. de Böninghausen , dans un supplément aux annales de Möglin , le seigle revient pendant 9 ans de suite à la même place : il est quelquefois suivi de spergule qui est pâturée par les moutons. Schwertz, dans sa description de l'agriculture Belge , raconte également que dans la Campine , pays de terres très-sablonneuses , le seigle revient 4 à 5 fois de suite à la même place , et d'après ces deux auteurs, quoique ces terrains paraissent fort mauvais, les récoltes y sont très-belles. Dans la province de Drenthe, le seigle atteint 7 pieds de haut ; il est extrêmement épais , et fournit au printemps un pâturage aux moutons , mais la récolte en grains ne répond pas tout à fait à celle en paille, puisque le rapport ordinaire de la graine à la paille y est de 28 à 100. Dans ces assolements , le seigle est fumé chaque année, avec un mélange composé de plaques de bruyères des landes , nommées en allemand Haide Plaggen, et de fumier de moutons et de vaches.

Un grand nombre de plantes ne peuvent, par contre, pas revenir immédiatement à la même place : plusieurs demandent un intervalle d'un an , de 2 , de 4, de six et quelquefois de 9 ans. Ces plantes sont : le froment , les pois , le trèfle , le lin , le colza ; mais le climat , la nature du terrain et souvent des circonstances inexplicables , amènent des exceptions. M. Vincent, pasteur à Nismes , dans une lettre écrite à M. Mathieu de Dombasle , insérée dans le 5me volume des annales de Roville , parle d'un assolement suivi dans la plaine du Victre, où le froment revient 3 et quelquefois 4 années de suite, après une luzerne ou une esparcette, et cela sans fumier. Par contre, dans un climat moins chaud et des terres deconsistance moyenne, malgré une abondante fumure, le froment ne viendra pas bien deux années de suite. Une personne qui avait vérifié le fait, m'a raconté que dans un domaine de la Silésie, le trèfle était revenu, dans l'assolement triennal, 7 fois de suite tous les 3 ans. M. Mathieu de Dombasle cite également dans le 7me volume des annales, l'exemple du fermier Leroi, qui fait revenir 2 fois le trèfle, dans le cours d'un assolement de 9 ans. Il revient tous les 4 ans dans l'assolement de Norfolk, dont nous parlerons tout à l'heure. Dans d'autres contrées, cette plante ne peut pas revenir à la même place avant 6 ans d'intervalle, et quelquefois avant 9 ans. Enfin, le colza, que j'ai vu revenir à Hohenheim tous les 3 ans, dans un assolement suivi sur 24 poses, ne supporte pas le retour dans un grand nombre de terrains, avant la 6me année.

Il me reste encore à vous parler des végétaux qui conviennent le mieux aux différentes espèces de terres, de leurs qualités épuisantes ou améliorantes, et de leur influence sur ceux qui les suivent.

Les végétaux qui viennent le mieux dans les terrains sablonneux sont : la spergule, les topinambours, les pommes de terre et le seigle. Lorsque la terre offre un peu plus de consistance : le blé noir, les raves, les petites fèves et l'orge. Amélioré par une bonne culture, ce terrain peut encore produire : de l'avoine, des prairies, du trèfle, du lin, des pois, des carottes, du tabac, du colza et de la luzerne. Au moyen de la marne, on peut l'amener à produire aussi du chanvre, de la garance, du froment d'été et d'hiver, du maïs, des poisettes et des grosses fèves.

On ne peut cultiver qu'un beaucoup moins grand nombre

de plantes dans les terrains argileux. Celles qui y réussissent le mieux sont : le froment, l'avoine, les grosses fèves, les poisettes, les herbes naturelles, soit comme prairies, soit comme pâturages. Si ce terrain contient un peu de chaux on peut encore cultiver des choux, du colza, des pommes de terre, du trèfle et des raves. Le meilleur terrain de tous est le terrain argileux, mêlé d'une plus grande quantité de chaux : la plupart des végétaux y réussissent et donnent de très-fortes récoltes. C'est dans cette espèce de terre que l'orge d'hiver, le chanvre, les pavots, le colza, le lin, etc., viennent le mieux. Le terrain calcaire, par exemple celui de la lisière du Jura, est également propre à la culture de tous les végétaux qui peuvent être cultivés dans notre canton. Il est seulement quelquefois trop léger, pour la bonne réussite du colza, des fèves et des poisettes. Comme plante fourragère, l'esparcette est celle qui lui convient le mieux.

Quelques végétaux laissent à la terre plus qu'il n'en ont reçu ; tels sont : les lupins et le blé noir, cultivés pour être enterrés en vert ; le trèfle blanc et la spergule, lorsque ces plantes sont pâturées ; la luzerne et l'esparcette, après quelques années de durée. On peut en dire autant du trèfle, si la dernière coupe est enterrée comme engrais. D'autres végétaux épuisent très-peu la terre, lorsqu'ils sont fauchés pour être consommés en vert ; tels sont : les poisettes d'été et d'hiver, les pois, le seigle, l'orge d'hiver et l'avoine. Après ceux-ci viennnent les poisettes, les pois et les fèves pour graine. Enfin, ceux qui épuisent le plus la terre sont : le chanvre, le lin, les différentes espèces de céréales, les racines, en particulier les raves cultivées en seconde récolte, la garance, les choux, le colza et le tabac.

Moyennant une bonne culture, plusieurs plantes viennent également bien, quelles que soient celles qui les ont précédées ; ce sont : les différentes espèces de racines, les fèves, la plupart des plantes de commerce, sauf le lin, qui vient mieux après une prairie qu'après une céréale, les poisettes et les pois, soit fauchés en vert, soit pour graine. Les céréales, soit d'été, soit d'hiver, succèdent avantageusement à toutes les plantes que nous venons de nommer, ainsi qu'aux plantes fourragères. Les céréales, surtout celles d'hiver, laissent la terre extrêmement durcie et dans un état peu propre à en produire de nouveau. Si l'on veut donc faire revenir deux céréales de suite, il faut que le travail et l'engrais suppléent à ce que cette succession a de défectueux.

Comme règle générale, on peut encore dire qu'une plante qui a parfaitement réussi, épuise moins la terre et la laisse en de meilleures conditions pour l'année suivante, qu'une qui a donné une moins bonne récolte, et qui par cela même a laissé la place aux mauvaises herbes.

Vous trouverez sans doute, Messieurs, qu'il ne peut être question dans cette lettre, de vous entretenir longuement, de ce qu'un assolement produit de fumier et en consomme; il est cependant nécessaire d'en dire quelque chose, pour que cet article ne soit pas trop incomplet. Pour qu'un assolement soit bon, il faut qu'à chaque retour la terre soit, non-seulement dans un aussi bon état de culture et d'engrais qu'en commençant, mais si possible qu'il soit meilleur. La quantité de prés que possède un cultivateur, doit le diriger dans la quantité de plantes qu'il doit semer pour la nourriture de son bétail. Le bétail de rente est sans doute un des beaux revenus d'un cultivateur, mais sauf dans les hautes montagnes, qui ne sont pas susceptibles d'être mises en culture, et dans les terres sujettes aux inondations, le bétail est plutôt considéré comme machine à fumier, que comme devant constituer la rente de la terre; il ne faut donc pas forcer la culture des plantes fourragères, aux dé-

pends de celles qui donnent un plus grand produit en argent.
De ce nombre sont les céréales, qui, outre cela, ont une
grande valeur à cause de la paille qu'elles produisent, qui
est un des matériaux les plus importants pour le fumier.
Quant aux racines, qui sont si précieuses pour la nourriture
du bétail et qui donnent le moyen d'augmenter celui-ci,
elles sont d'autaut plus utiles, que l'on possède plus de
paille, puisque le bétail a besoin d'une beaucoup plus abondante litière, lorsqu'il est nourri avec des racines et qu'il
a également besoin dans ce cas-là, d'une petite quantité de
paille pour lester son estomac. Il est donc absolument
nécessaire de proportionner la quantité de racines à cultiver, à la quantité de paille dont on peut disposer. Les plantes dites de commerce, parmi lesquelles je rangerai les
racines destinées à la vente, ne doivent être cultivées qu'à
proportion de l'engrais dont on peut disposer, sans nuire
aux autres cultures. La plupart de ces plantes donnent un
grand produit en argent, mais ne laissent aucune matière
propre à fournir de l'engrais. Le lin, le chanvre, les pommes de terres destinées à la vente ; la vigne, la garance,
ne rendent rien du tout à la terre. Par contre, le colza produit presqu'autant de paille qu'une céréale, mais elle est à
la vérité un peu inférieure pour l'engrais. Le tabac rend
également par ses grosses tiges, une petite partie des sucs
qu'il a tirés. Le fumier n'est nulle part plus cher, que dans
les pays où l'on cultive le plus de vignes ou de plantes de
commerce ; l'engrais produit dans les villes, s'y vend à de
très-grands prix, comme en Flandres, en Belgique et dans
plusieurs contrées d'Allemagne, dans le midi de la France,
où l'on en emploie beaucoup pour la culture de la garance et
des oliviers, et chez nous, dans les localités où on cultive
beaucoup de vignes. Le prix des engrais influe naturellement sur les assolements ; aussi, dans le voisinage des pays de

vignoble, est-il rarement avantageux de cultiver des plantes de commerce, hormis des racines à vendre aux vignerons, pour la nourriture de leur bétail. Il est des cas, où le meilleur assolement consisterait à produire beaucoup d'engrais, et à en consommer très-peu, afin de pouvoir en vendre. Ce cas se rencontre lorsqu'un propriétaire possède un domaine en champs et prés, et a en outre des vignes.

Passons maintenant à la description des assolements alternes. L'assolement primitif, en usage chez les Romains, et que l'on rencontre encore dans quelques contrées voisines du Rhin, était le suivant :

1. Jachère morte fumée;
2. Céréales d'hiver ;
3. Jachère morte non fumée ;
4. Céréales de printemps.

C'est cet assolement qui a servi de base à l'assolement quadriennal de Norfolk, qui est le suivant :

1. Racines fumées, surtout des raves et des rutabagas, consommés sur place, soit par des moutons, soit par des bœufs à l'engrais,
2. Orge ;
3. Trèfle ;
4. Froment.

On conçoit quelle facilité l'assolement primitif donnait pour intercaler des plantes, qui, bien loin de nuire à la bonne réussite des céréales, favorisaient au contraire leur croissance, et permettaient, au moyen de la nourriture abondante qu'elles fournissaient au bétail, d'augmenter beaucoup celui-ci, de le bien nourrir, et conséquemment de bien fumer ses terres.

L'assolement du Norfolk a été bien souvent recommandé aux agriculteurs du continent, comme ce qu'il y avait de plus parfait, mais, selon moi, bien à tort. Je n'ai jamais vu qu'une seule fois cet assolement suivi, sans aucun changement pendant 9 ans, sur un domaine qui avait 160 poses vaudoises en champs, et 100 poses de prés égayés; le domaine possédait en outre environ 30 poses d'esparcette, dans des côtes qui étaient auparavant en partie couvertes de vignes; tout contribuait donc à faire obtenir de belles récoltes et de brillants résultats, mais c'est ce qui n'a pas eu lieu. Beaucoup de commençants ont adopté cette rotation, et ont certainement contribué à rendre prudents la grande masse des agriculteurs et à les engager à rester fidèles à l'assolement triennal. Plusieurs écrivains agricoles, qui avaient adopté cet assolement, l'ont également abandonné. Les circonstances, dans le canton de Vaud tout comme dans une grande partie de l'Europe continentale, sont bien différentes de celles de l'Angleterre, où il ne faut pas croire non plus que cet assolement soit général, même dans le Norfolk. Knobelsdorf, agronome Prussien, qui a parcouru l'Angleterre pour y étudier l'agriculture, et qui a fait un long séjour dans le comté de Norfolk et écrit plusieurs lettres insérées dans les annales de Möglin, parle en détail de la culture de Blomfield, un des plus grands fermiers de la terre de Holkam, qui a l'assolement suivant, sur 900 acres anglais :

1. Racines fumées;
2. Orge;
3. Trèfle rouge, fumé en automne;
4. Froment;
5. Racines fumées;
6. Orge;
7. Trèfle blanc, pâturé et parqué;
8. Froment.

Une dernière sole, qui ne fait pas proprement partie de cet assolement, est semée en herbe pour servir de pâturage,

aussi longtemps que le produit en est satisfaisant. Elle rentre ensuite dans l'assolement, en la semant en froment, et
une autre sole prend sa place ; le fermier a, en outre, un
pâturage permanent de 900 acres, situé au bord de la mer,
recouvert en partie chaque jour par la marée, qui ne contribue pas peu au soutien de l'assolement quadriennal ;
il a encore 100 acres de prairies naturelles à faucher. Avec
de pareils moyens, il n'est pas étonnant que les produits
soient beaux. Le comte de Gourcy, qui a fait un voyage en
Angleterre en 1840, et qui l'a publié sous le titre de : *Re-
lation d'une excursion agronomique, en Angleterre et
en Écosse*. Lyon 1841, parle également de l'assolement
quadriennal, généralement suivi et modifié comme le précédent. On voit que de cette manière le trèfle rouge ne
revient qu'une fois tous les 8 ans. Le grand défaut pour
nous, de l'assolement quadriennal, est d'avoir une trop
grande portion de terrain cultivé en racines. En Angleterre, les racines sont en grande partie consommées sur
place par des moutons ou des bœufs à l'engrais : de cette
manière on évite le pénible travail du nettoyage et de la
conduite de ces racines à la maison. Après ces racines, le
terrain est dans un état très-propre à recevoir l'orge, puisque l'engrais des moutons est répandu également sur toute
la sole. Il est encore important d'observer, qu'au moyen de
la consommation sur place, les moutons n'ont besoin que
d'un peu de paille, qui leur est conduite chaque jour au
champ, et qui leur sert de nourriture. Que l'on se repré-
sente chez nous cet assolement appliqué à un domaine de
100 poses, et l'on verra qu'il n'est pas possible d'utiliser
convenablement la quantité de racines produites par 25
poses; on aura beaucoup trop peu de paille et trop peu
de fourrage en été, pour nourrir le bétail nécessaire pour
consommer, en hiver, autant de racines. Il est rare de trouver

un terrain qui supporte le retour du trèfle tous les 4 ans, et quant au remède proposé par M. Crud, dans son économie de l'agriculture, de substituer la luzerne au trèfle, lorsque celui-ci ne réussit plus bien, j'avoue que je le regarde comme inapplicable, à moins de ne laisser la luzerne qu'une seule année ; mais dans ce cas, son produit est bien inférieur à celui du trèfle, outre que l'ensemencement coûte beaucoup plus. Il vaudrait mieux remplacer le trèfle par des poisettes à faucher en vert.

Les cultivateurs qui ont abandonné l'assolement triennal pour adopter des assolements alternes, ont souvent commencé par un assolement de 6 ans, à cause de la facilité que leur donnait l'ancienne division. On rencontrait souvent le suivant :

1. Racines fumées ;
2. Orge ;
3. Trèfle ;
4. Froment ;
5. Pois ou poisettes pour graines ou pour fourrages, suivant le besoin ;
6. Froment.

Peu de personnes l'ont conservé, parce que la récolte de la 5me année était trop casuelle. J'ai trouvé, généralement, dans les fermes que j'ai visitées, des assolements plus longs, et partout où le terrain n'était pas trop mauvais, j'ai vu cultiver des plantes de commerce. Une rotation que j'ai vue chez M. d'Elrichshausen, qui possède un grand domaine à 6 lieues d'Heilbronn et qui a ensuite été adoptée à Hohenheim, sur une assez grande partie du domaine, est celle-ci :

1. Seigle fauché en vert et fumé ;
2. Colza ;
3. Epeautre suivi d'une récolte dérobée ;
4. Racines fumées ;

5. Orge ;

6. Trèfle ;

7. Epeautre.

Une partie des fermes du Norfolk, ont un assolement bien moins bon que celui que je viens de décrire; c'est le suivant :

1. Racines fumées ;

2. Orge ;

3. trèfle fauché ;

4. Trèfle pâturé ;

5. Froment ;

6. Orge.

Du reste, avec les assolements alternes, les combinaisons sont infinies et doivent nécessairement changer avec les localités, la nature du terrain, les débouchés, etc.; et il serait assurément absurde de vouloir conseiller un assolement comme normal, ainsi que quelques écrivains ont voulu le faire pour celui de Norfolk. On peut seulement dire en général, qu'un assolement qui a beaucoup de soles, convient mieux qu'un trop court, parce qu'on peut aisément dans le cours d'une rotation, changer quelque chose sans tout bouleverser. J'ai trouvé, dans l'ouvrage de J. Cordier intitulé : *Mémoires sur l'Agriculture de la Flandre française*. Paris, 1823, la description de plusieurs assolements des environs de l'Isle, qui prouvent combien la culture de ce pays est avancée, et ces assolements supérieurs à ceux que l'on trouve en Angleterre.

Assolement de 3 ans.

1. Orge d'hiver fauché en herbe ;

2. Colza ;

3. Blé.

Assolement de 4 ans.

1. Colza ou lin ;

2. Blé;

3. Fèves;

4. Graines de Mars.

Assolement de 6 ans.

1. Colza ou lin ;

2. Froment ;

3. Fèves ;

4. Avoine avec trèfle ;

5. Trèfle ;

6. Froment.

Assolement de 12 ans, chaque sole de la grandeur de 2 hectares.

1. Colza sur fumier d'étable, avec angrais liquide ; un hectare cultivé en carottes, betteraves ou navets, en seconde récolte ;

2. Blé, un hectare cultivé en navets, carottes ou choux cavaliers en seconde récolte, fumé avec engrais liquide ;

3. Fèves ;

4. Pommes de terre, sur fumier d'étable et engrais liquide ;

5. { un hectare en orge avec trèfle coupé la 1re année ; un hectare en avoine id. id. ;

6. Trèfle, 3 coupes ;

7. { 1 ½ hectare lin, { fumier liquide tourteaux { 1 hectare, navets et carottes en 2e ½ hectare tabac, fumier liquide, récolte ;

8. { 1 hectare blé barbu, { Navets, carottes, etc., 2e ré-1 hectare seigle. colte ; avec engrais liquide ;

9. { 1 hectare orge, coupé en vert { 1 hectare en choux, choux collets, betteraves, navets, 2ᵉ récolte, fumée avec engrais liquide ;
{ 1 hectare hivernage,

10. { Colza sur fumier d'étable { 1 hectare navets, carottes, etc., 2ᵉ récolte ;
{ et engrais liquide.

11. Blé, 1 hectare navets, carottes, etc., 2ᵉ récolte ;

12. { 1 ¹/₂ hectare fèves,
{ ¹/₂ hect. orge d'hiver coupé { pépinière de colza, 2ᵉ récolte sur engrais liquide.
{ en vert à la fin de Mars ou au
{ commencement de Juin.

Feihl, élève de l'institut des orphelins d'Hohenheim, fut envoyé en Flandre, aux frais de cet institut pour se perfectionner dans la pratique de l'agriculture. Pendant le temps de son séjour, qui a été de 2 ans, il a tenu un journal et fait des observations sur la culture de ce pays qui ont paru sous le titre de : *Landwirthschaftliche Mittheilungen herausgegeben von Schwertz.* Stuttgart, 1826. Dans cet ouvrage, se trouve la nomenclature de plusieurs rotations, qui prouvent également la culture avancée de la Flandre et de la Belgique. Elles ne sont pas absolument conformes au système des assolements alternes, mais au moyen de la culture soignée des belges, qui ont la coutume d'ôter à la main les mauvaises herbes dans les céréales, les récoltes en sont fort belles.

Premier exemple :

1. Pommes de terre et un peu de carottes fortement fumées ;

2. Froment, fumé avec des tourteaux de colza ;

3. Seigle, fumé avec de la chaux ;

4. Trèfle, sur lequel on répand des cendres ;

5. Avoine ;

6. Lin , arrosé avec du lizé ;

7. Froment fortement fumé ;

8. Seigle , suivi de raves en seconde récolte.

Dans un autre assolement, cité par le même auteur, après les 2 céréales d'hiver vient encore de l'avoine fumée avec du compost ; le lin ne vient qu'à la 7me année, et on sème dans ce lin du trèfle qui est retourné en automne pour servir d'engrais au froment qui doit suivre.

Second exemple :

1. Pommes de terre ;

2. Lin ;

3. Trèfle ;

4. Céréale d'hiver ;

5. id. id.

6. Colza ;

7. Céréale d'hiver;

8. id. id. suivie de raves en récolte dérobée.

Exemple d'assolements suivis dans les environs d'Anvers, terrain sablonneux :

1. Pommes de terre ;

2. Lin ;

3. Trèfle ;

4. Froment ;

5. Seigle , suivi de raves en seconde récolte ;

6. Chanvre ;

7. Lin avec carottes ;

8. Avoine ;

9. Trèfle ;

10. Froment ;

11. Seigle suivi de raves.

Les assolements suivis en Lombardie dans les parties non arrosées dont parle Bourger, dans l'ouvrage que j'ai déjà cité, sont bien moins productifs que ceux de la Belgique. On trouve souvent dans les provinces de Milan et de Côme, l'assolement suivant :

1. Maïs ;
2. { Froment, suivi pour une moitié de cinquantin en seconde récolte, et pour l'autre moitié de trèfle ;
3. { ½ Maïs ; ¼ Trèfle ;
4. Froment suivi de cinquantin.

Assolement suivi près de Vicence.

1. Maïs ;
2. Froment ;
3. Trèfle ;
4. Froment.

Dans plusieurs localités de notre pays, il est avantageux de cultiver des plantes fourragères qui durent plusieurs années, telles que la luzerne et l'esparcette. Les assolements dans lesquels entrent ces plantes, sont très-propres à amener promptement un terrain à un haut état de fertilité, et à le mettre en état de fournir plus tard, des engrais pour la culture des vignes et des plantes de commerce. Pictet de Lancy a donné, dans une brochure intitulée : *Quelques détails sur la consommation de la luzerne en vert,* etc., la description de son assolement, qui est très-bon, lorsque l'on a l'emploi d'une grande quantité de racines et que l'on veut produire plus d'engrais que les champs n'en consomment ; le voici :

1. Pommes de terre ;
2. Froment ou orge fumé ;
3. Trèfle ;
4. Froment et raves ;
5. Pommes de terre ;
6. Froment fumé ;

7.
8.
9.
10. } Luzerne fuméc à la 9me année ;

11. Froment ;
12. Froment et raves.

Pabst, dans son *Lehrbuch der Landwirtschaft*. Darmstadt, 1834, donne le détail de quelques assolements, avec luzerne et esparcette, en usage sur une portion de plusieurs domaines du Palatinat.

Premier exemple :
1. Jachère ;
2. Colza ;
5. Seigle ;
4. Pommes de terre ;
5. Orge ;
6.
7.
8. } Luzerne arrosée 2 fois avec du lizé ;
9.
10.
11. Pommes de terre ou betteraves ;
12. Seigle ;
15. Avoine.

Cet assolement est suivi dans des terrains calcaires, lorsque le terrain est meilleur, on préfère le suivant :
1. Jachère fortement fumée ;
2. Colza ;
3. Seigle ;
4. Froment ;
5. Orge ;

6.
7.
8.   } Luzerne arrosée 2 fois avec du lizé ;
9.
10.
11.

12. Colza ;
13. Froment ;
14. Orge.

Exemple d'assolement avec esparcette :

1. Jachère ;
2. Colza ;
3. Seigle ;
4. Partie en froment, partie en pommes de terre ;
5. Orge ;
6.
7.   } Esparcette ;
8.
9. Epeautre ;
10. Pommes de terre ou betteraves ;
11. Avoine.

Dans notre pays, on conserve l'esparcette beaucoup trop longtemps. Je crois qu'il n'est jamais avantageux de la laisser subsister plus de 6 ans, et encore faut-il pour cela que le terrain lui convienne particulièrement. Ce qui engage à la laisser plus longtemps, c'est la chèreté de l'ensemencement. On sème en moyenne 15 mesures de graine par pose, on peut l'évaluer à 15 batz, ce qui ferait 22 francs 5 batz. En supposant que l'esparcette dure 6 ans, cela ferait en moyenne 37 $\frac{1}{2}$ batz par année pour les frais de semailles. Si elle dure 10 ans, cela ne fait plus que 22 $\frac{1}{2}$ batz ; c'est donc pour une économie de 15 batz par année que l'on se contente d'un maigre produit, et que l'on ne profite pas de l'augmentation de fertilité laissée au sol par l'esparcette.

Je m'aperçois, Messieurs, en terminant cette lettre, que je n'ai pas fait mention d'une chose essentielle, qui doit diriger dans le choix d'un assolement, c'est l'égale répartition des travaux pendant l'année. De plus, ce qui doit encore être pris en considération, et qui est un point très-important surtout dans la grande culture, c'est le nombre des ouvriers que l'on peut se procurer, et le prix des journées. Ici la petite culture a décidément l'avantage sur la grande. Le petit cultivateur doit viser à obtenir de sa terre la plus grande masse de produits. Le grand, par contre, ne peut regarder qu'au produit net ; le premier peut et doit même semer des secondes récoltes, surtout des racines ; il a tout le temps nécessaire pour les sarcler, et peut également faire usage des engrais liquides pour les arroser. De mauvais instruments, comme par exemple une charrue défectueuse, ont moins d'influence sur la petite culture que sur la grande, ainsi que j'ai pu m'en assurer, pendant 2 séjours que j'ai faits l'année dernière dans le canton d'Argovie. La charrue employée dans ce canton, est une des plus mauvaises que j'aie vues ; elle emploie un très-fort tirage, retourne mal la terre, et par son moyen il est impossible de détruire le chiendent qui se trouve en grande quantité dans ces terres, qui portent souvent 3 à 4 céréales de suite. Cependant, au moyen des sarclages soignés, donnés aux racines cultivées en seconde récolte et qui produisent beaucoup, parce qu'elles reçoivent toujours des engrais liquides, les terres sont maintenues dans un état de propreté passable, et les récoltes en tout genre, sont généralement belles. Par contre, il est très-rarement profitable à un grand propriétaire de cultiver des racines en seconde récolte ; heureusement qu'il a à sa disposition d'autres plantes pour les remplacer. De ce nombre sont les poisettes et l'avoine, mélangées de quelques grains de maïs.

L'année dernière, j'ai obtenu un très-bon fourrage de ce mélange, semé après du seigle. On peut également semer du maïs en ligne ou du blé noir. Le grand propriétaire doit avoir soin de sarcler d'avance, au moyen de labours répétés, et de cette manière il ne sèmera et plantera que dans un terrain propre, tandis que le petit cultivateur n'y regardera pas de si près, puisqu'il a toujours en son pouvoir de maintenir, par des sarclages à la main, la propreté de son champ. Voilà pourquoi un grand propriétaire préférera toujours repiquer les betteraves plutôt que de les semer, parce que la première méthode égalise mieux les travaux de printemps et permet de planter dans un terrain bien préparé.

Montet le 1ᵉʳ Février 1843.

LETTRE AU COMITÉ DE LA SOCIÉTÉ D'ÉCONOMIE RURALE ET DOMESTIQUE, SUR LES MOUTONS ET LES BERGERIES COMMUNALES, DANS LE CANTON DE VAUD.

Il m'a paru que dans ce moment, un article inséré dans le rapport de la Société, sur les moutons et les bergeries communales, serait de nature à intéresser un grand nombre de lecteurs. Ce sujet a déjà été traité par la Société d'Utilité publique, mais dans un sens plus restreint, que je ne me propose de le traiter ici. Je commencerai d'abord par dire un mot des races de moutons, existant dans le canton de Vaud, de la manière la plus convenable d'opérer des croisements; enfin, je dirai comment une bergerie communale me paraît devoir être administrée, pour offrir les résultats les plus avantageux et ne pas nuire aux progrès de l'agriculture.

Nous ne possédons dans notre canton que fort peu de moutons de race parfaitement pure. On voit, en examinant nos bergeries, que le plus grand nombre des moutons proviennent de croisements opérés d'une manière peu judicieuse. Pour la couleur, nous en trouvons des blancs, des roux, des noirs, des muscs; quant à la laine, il y en a qui en ont de la courte, d'autres de la longue : la première se rapproche par ses qualités de la race mérinos, qui est serrée, tassée, un peu frisée, et qui est surtout propre à fabriquer des draps. Le degré de finesse de la seconde est très-différent, suivant que les moutons proviennent de croisements avec la race à longue laine d'Allemagne ou d'Angleterre. C'est avec cette espèce de laine que l'on fabrique les étoffes rases, dites en poil de chèvre ; elle est également très-propre à faire des bas. Le plus souvent il est très-difficile de classer la laine de nos moutons ; pour le frisé et la finesse, elle tient de la laine mérinos, mais elle est moins tassée, plus emmêlée et plus longue. Aussi ces laines, avec lesquelles on fait les milaines, ne seraient-elles pas propres à fabriquer de bons draps.

Le peu de moutons de race pure que l'on trouve dans le canton de Vaud, sont des mérinos et des moutons à longue laine de la race de Cotswold et de Lincoln, provenant des bergeries de Monsieur de Staël. Je ne sais si l'on trouverait encore des Southdoun. Monsieur de Staël avait quelques individus de cette race, ainsi que Monsieur Pourtalès de Greng ; mais depuis que ces bergeries ont été abandonnées, ces animaux vendus ou donnés, ont été mélangés avec d'autres races.

Ce qui doit diriger dans le choix des béliers, c'est d'abord la qualité de laine que l'on désire obtenir, la bonté de la viande et la facilité à prendre graisse. La nature du terrain doit également être prise en considération. Il ne peut être question, dans une bergerie communale, d'avoir des animaux de grand prix, et de produire des laines surfines. Bien plus, je crois que la race mérinos de Saxe ne conviendrait à aucun propriétaire vaudois. Ces animaux donnent fort peu de laine, ils prennent difficilement graisse, et la viande est très-inférieure à celle des moutons du pays. Nous sommes ici mal placés pour tirer parti des laines surfines, et encore plus mal pour la vente des béliers de choix et des brebis que l'on a de trop. La race moyenne des moutons de cou-

leur est, je crois, celle qui convient à la plus grande partie
de notre pays ; on trouve dans cette race des individus
portant une laine presqu'aussi fine que celle des mérinos.
Pour l'améliorer, il suffirait de faire un bon choix des
béliers portant la plus fine laine. Les moutons blancs à longue
laine ne peuvent convenir qu'aux parties de notre pays
qui ont un très-bon sol, comme le gros de Vaud et la vallée
de la Broye.

Les béliers anglais à longue laine amélioreraient cette
race, tant pour la qualité de la laine que pour celle de la
viande. J'engage les personnes qui voudraient essayer des
croisements avec des moutons de races anglaises, de lire
l'excellent ouvrage de Monsieur de Mortemart Boissé : *Des
races ovines de l'Angleterre,* ou *Guide de l'éleveur de
moutons à longue laine.* Paris, 1827. Je recommande également
lement de lire, dans le 3me volume des annales de Roville
et dans le supplément aux dites annales, 2 articles sur les
moutons, écrits par M. Mathieu de Dombasle, qui sont
aussi intéressants et instructifs que tout ce qui sort de la
plume de cet auteur. Cet ouvrage, ainsi que le **Manuel du**
bon cultivateur, devraient se trouver dans toutes les bi-
bliothèques de campagne.

Les avantages de mettre en commun les moutons que
chaque habitant d'un même village possède, sont évidents.
Un seul berger peut très-bien conduire au pâturage et
soigner pendant l'hiver un troupeau de 300 bêtes : en supposant que ce troupeau soit composé de 150 brebis, et le restant
de châtrons, et d'agneaux mâles et femelles, 5 béliers seront
suffisants. Si ces 300 moutons appartiennent à 30 personnes,
possédant chacune 10 bêtes, un enfant sera nécessaire à
chaque propriétaire, pour les conduire au pâturage. Il aura
également besoin d'un bélier ; ces petits troupeaux seront
en général mal soignés, et prendront souvent dans un

pâturage ayant des places dangereuses, le germe de la pourriture ; ils coûteront plus à loger, et il va sans dire, qu'il ne pourra être question de parquer.

L'avantage de mettre ses moutons en commun me semble donc incontestable, mais non pas celui d'établir une bergerie, lorsqu'il n'existe que peu de moutons dans un village, et que les particuliers n'en achètent que pour avoir une bergerie communale. La première chose à considérer, lorsque l'on veut en établir une, c'est si le territoire de la commune peut nourrir pendant 7 $\frac{1}{2}$ mois, un troupeau d'au moins 250 bêtes au pâturage, sans qu'il soit nécessaire pour cela de laisser des champs en jachère, ou de négliger des labours préparatoires. Mieux un territoire sera cultivé, moins un troupeau prospérera. Dans tous les cas, il est nécessaire d'avoir un petit pâturage permanent, où l'on puisse conduire les moutons lorsqu'ils ne trouvent rien dans les champs.

Le long de la lisière du Jura, les communes possèdent souvent près des villages, d'exellents pâturages à moutons; elles abandonnent ces pâturages aux sociétés de bergerie, mais alors il n'y a que les bourgeois qui y aient droit. Dans le centre du pays, il existe également de petits pâturages permanents, appartenant à des communes, qui pourraient facilement être mis en culture, mais que l'on conserve pour les moutons. Dans le district d'Avenches, aucune bergerie ne pourrait exister, si les communes ne possédaient pas beaucoup de terrains le long des lacs de Morat et de Neuchâtel, terrains qui ne peuvent pas être mis en culture, parce qu'ils sont sujets à être inondés, et qui ne participent cependant point à la nature des marais. Ils sont sablonneux et excellents pour les moutons.

La commune de Cudrefin, qui possède un territoire de 2,300 poses, a établi il y a deux ans, une bergerie. Je pense que les champs occupent au moins la moitié du territoire. On a abandonné aux moutons un pâturage d'environ 40 poses, situé le long du lac ; ils ont en outre l'herbe qui croît le long des chemins de 3me classe ; ces chemins sont une grande ressource, parce que quelques-uns sont très-peu fréquentés. Au printemps de la 1re année, comme il n'y a pas dans toute la commune, plus d'une vingtaine de poses laissées en jachère, le berger se plaignait d'être embarrassé pour nourrir ses 280 moutons. Il pensait qu'après moisson cet embarras cesserait, mais comme ici chacun s'empresse de retourner son champ dès que la moisson est enlevée, les moutons ne trouvèrent pas plus d'herbe à la fin du mois d'Août que pendant le mois de Juin, et l'on fut obligé de leur abandonner le regain des prés marais appartenant à la commune. Dans d'autres localités, à Payerne, par exemple, la bergerie se compose d'environ 1,600 bêtes ; les membres de la commission assurent qu'après moisson, le territoire pourrait nourrir un nombre double de moutons; mais là, bien à tort, suivant moi, les champs ne sont pas labourés en été, comme ici, et se couvrent d'une végétation si forte, que de loin on croirait que ce sont des prés.

Je ne crois cependant pas les bergeries incompatibles avec une bonne culture, mais s'il fallait, pour en avoir une, s'engager comme dans certains endroits de notre pays, à ne pas labourer ses champs après moisson, il vaudrait infiniment mieux renoncer aux moutons, qui, dans ce cas, seraient plus nuisibles qu'utiles. Je pense qu'il faut toujours compter pour peu de chose le pâturage sur les chaumes, et qu'il est nécessaire de se procurer d'autres ressources. La première, comme je l'ai déjà dit, serait les pâturages permanents, situés dans des terrains trop mauvais pour être mis en culture, puis le pâturage le long des chemins ; après cela, il me semble que les sociétés devraient s'arranger avec quelques particuliers, pour que ceux-ci semassent des herbes propres à être pâturées, et qui resteraient en place quelques mois. Je suppose qu'un cultivateur veuille semer du colza au milieu de 1844, et qu'il sème ce printemps ce champ en avoine, il pourrait mettre parmi cette avoine 4 à 5 livres de graine de trèfle blanc, et autant de graine d'herbe; les moutons auront un excellent pâturage au commencement de Septembre, qui pourra subsister jusqu'à la fin du mois de Mai 1844, et ce cultivateur pourra être payé par le parc de tant de jours. Si le champ devait être semé en graine d'hiver, le pâturage pourrait durer jusqu'à la fin de Juillet. Si au lieu de colza, on voulait planter des racines à la fin de Mai, on pourrait les faire précéder de seigle semé très-épais, qui servirait de pâturage en automne, souvent pendant l'hiver et au premier printemps. Une pose semée pour servir de pâturage, nourrira mieux les moutons que 5 poses abandonnées; et pour le succès de la récolte suivante, il est très-différent qu'un terrain soit cultivé plutôt qu'abandonné. Dans ce dernier cas, il pourra paraître souvent aussi vert, mais on s'apercevra facilement, qu'une grande partie des plantes qui le couvrent, ne sont pas touchées par les moutons et peuvent porter graine. Si un champ est infecté de chiendent, les moutons mangeront, à la vérité, cette herbe, mais pendant ce temps, les racines prospèreront et on ne pourra plus le détruire l'année suivante.

En supposant qu'un troupeau soit composé de 300 bêtes, il faudra s'assurer combien de temps on pourra le nourrir avec les pâturages permanents; puis compter qu'une pose ensemencée pour servir de pâturage, depuis le 1er Septembre au 1er Juillet de l'année suivante, nourrira facilement le troupeau pendant 7 jours; de cette manière, il sera facile de connaître au juste le nombre de poses qu'on devra faire ensemencer. Les cultivateurs destineraient à cet usage leurs champs les plus éloignés, ou ceux d'un abord difficile pour la conduite des engrais. Ce moyen rendrait possible partout l'existence d'une bergerie communale.

Il me semble qu'il y aurait un grand avantage à conserver les moutons en commun pendant toute l'année, cela éviterait aux sociétaires, les frais de logements et de soins pendant l'hiver; et le plus souvent le gage du berger ne serait pas beaucoup plus élevé, puisque ces individus ne savent ordinairement pas que faire dans cette saison. Les frais de bâtisse des bergeries seraient fort peu augmentés. Quant aux moutons eux-mêmes, ils se trouveraient beaucoup mieux de ce régime; une fois de retour chez les propriétaires, ils sont relégués dans le fond d'une écurie à vaches, excessivement chaude et dans les conditions les plus contraires à leur santé, au croît de la laine et à sa propreté. Les moutons demandent d'être logés dans des écuries parfaitement aérées, élevées et éclairées, et tenues très-peu chaudes, conditions qui ne se rencontrent jamais dans une écurie de vaches. Il faut les sortir pendant qu'on met le foin dans le râtelier, afin que la laine ne se salisse pas; les râteliers doivent aussi être confectionnés de manière à ce que le foin ne tombe pas sur la laine; enfin, on doit leur faire la litière tout autrement qu'aux vaches, pour obtenir de bon fumier.

La société devrait, ce me semble, louer quelques prés maigres ou de vieilles esparcettes à rompre dans l'année, le premier foin servirait pour la nourriture d'hiver, le regain serait pâturé. Au premier printemps les moutons parqueraient ces prés, ce qui augmenterait beaucoup la récolte. En Wurtemberg, les bergeries conservent leurs moutons toute l'année; les sociétaires s'arrangent avec des particuliers, qui abandonnent le tiers de la récolte de leurs prés, à charge à la bergerie de les faire parquer au printemps.

Dans la plupart des bergeries communales, on fait miser, chaque semaine, le droit de fournir la paille nécessaire à la bergerie, pour en retirer l'engrais ; les moutons rentrent à l'écurie les jours de pluie, ou lorsqu'il fait trop chaud dans le milieu du jour : cette méthode me paraît défectueuse, parce que par ce moyen, on ne peut obtenir de bon fumier. Je sais que chez nous on a le préjugé, qu'il est nécessaire d'enlever le fumier une ou deux fois par mois, et cela se comprend, lorsque les moutons sont entassés dans de mauvais réduits ; mais en Allemagne où l'on sait très-bien soigner les bêtes à laine, le fumier n'est sorti des bergeries que deux ou trois fois par an, pour être conduit directement au champ. En ayant soin de ne mettre que peu de paille en commençant, et ensuite seulement quand cela est nécessaire, on obtient de l'excellent fumier, qui ne perd rien par le contact de l'air, tandis que ces petits tas que l'on voit devant toutes nos bergeries se dessèchent avant l'emploi, et perdent beaucoup de leur valeur. Les sociétaires gagneraient à acheter en commun de la paille, et à vendre le fumier deux ou trois fois par an, à tant le pied. De cette manière, une bergerie communale pourrait rivaliser avec une particulière, tandis que d'après la coutume ordinaire, elle a de grands désavantages.

Je dirai encore quelques mots, sur le moment le mieux choisi pour faire naître les agneaux. Lorsque la société pourra se procurer du foin, ou des racines, comme rutabagas, betteraves, pommes de terre, etc. à bas prix, il conviendra de faire naître les agneaux à la fin de Novembre et pendant le mois de Décembre, parce que dans cette saison, il est rare qu'on puisse conduire les moutons au pâturage ; le berger aura par conséquent tout le temps de les soigner. Mais si l'on est obligé de nourrir les brebis un peu chétivement, il vaut mieux ne faire naître les agneaux que dans le mois de Mars, parce que les brebis commencent alors à aller au pâturage, et que les agneaux seront assez forts pour être sevrés dans le moment où le pâturage sera le plus abondant. Dans aucun cas, il ne convient de les faire venir pendant l'été, ni de prolonger longtemps le temps des naissances, ce qui occupe trop le berger. Pour obvier à cet inconvénient, quelques associations obligent les propriétaires des brebis à les reprendre avec leurs agneaux, et à les garder pendant une dixaine de jours, mais cela ne doit jamais avoir lieu dans une bergerie bien organisée.

Je ne vous donnerai point le compte des frais et du produit d'une bergerie; ils sont trop différents suivant les localités, mais vu le haut prix des engrais chez nous, il y a beaucoup d'endroits de notre pays, où il serait avantageux d'en avoir une, et où l'on pourrait faire bien des dépenses pour la nourriture d'été et d'hiver, sans que pour cela les frais absorbassent les bénéfices.

Montet, le 20 Mars 1843.

MÉMOIRE SUR LA CRÉATION D'UNE FERME MODÈLE ET D'UN INSTITUT
D'AGRICULTURE ET DE SCIENCE FORESTIÈRE DANS LE CANTON DE VAUD.

Ce n'est que depuis peu que l'on s'occupe dans le canton de Vaud d'un établissement agricole, destiné surtout à l'instruction des personnes qui veulent se vouer à la pratique de l'agriculture, soit comme propriétaires, fermiers ou régisseurs de grands et petits domaines, soit comme maîtres-valets ou domestiques. M. Charles Victor Creux a beaucoup contribué à mettre cette question à l'ordre du jour, par son Mémoire adressé au grand conseil : grâce à son activité, cette question a pris vie et s'est popularisée, et beaucoup de personnes sont d'accord sur l'utilité d'un pareil établissement, quoiqu'on diffère encore sur les moyens d'exécution.

Il me paraît que le meilleur moyen de faire avancer cette question, c'est d'examiner les établissements agricoles qui ont été fondés en Europe ; dans quel but ils l'ont été, quelle a été leur utilité, et enfin quelles sont les conditions d'admission des élèves dans ces divers établissements. Je me propose de faire connaître dans ce mémoire, quatre Instituts agricoles, fondés dans des endroits éloignés les uns des autres et par des moyens différents, et d'exposer après cela, comment et par qui je pense qu'un pareil établissement devrait être fondé dans notre canton, pour devenir une institution vraiment nationale et utile à tous.

Thaer, qui exerça longtemps la médecine avec beaucoup de succès, à Celle dans le Hanovre, est sans doute le premier qui ait établi une espèce d'institut agricole. Poussé par son goût pour l'agriculture, il avait commencé par cultiver un jardin situé aux portes de la ville de Celle; il augmenta son terrain cultivable, en acquérant des champs et des prés dans le voisinage, avec une ferme, ce qui forma un domaine de 160 poses. Ce fut en 1799 qu'il reçut son premier élève : avant ce temps, il s'était fait connaître par un excellent ouvrage sur l'agriculture anglaise, qui a beaucoup contribué à réveiller le goût pour les expériences agricoles, et a décidé un grand nombre de propriétaires à entreprendre la culture de leurs terres, et à apporter dans cette culture les perfectionnements introduits en Angleterre. Thaer a formé à Celle des hommes qui dirigent de nos jours des établissements semblables au sien, entr'autres, M. Schönleutner, directeur de l'institut de Schleissheim, et M. Bella, directeur de Grignon. Thaer enseignait toutes les branches de l'agriculture; il avait en outre deux professeurs attachés à l'établissement, qui donnaient des cours sur les sciences naturelles, les mathématiques et l'art vétérinaire. Déjà dans ce temps-là, il inspirait une grande confiance à tous les cultivateurs du nord de l'Allemagne, et recevait chaque jour des lettres de personnes qui lui demandaient des directions pour la culture de leurs domaines. Wilhelm Körte nous apprend encore, dans la biographie qu'il vient de publier sur Thaer, que l'on venait de fort loin visiter son exploitation.

Il sentit, au bout de peu de temps, que son domaine n'était pas assez vaste pour servir de modèle, et faire faire des progrès à l'agriculture du nord de l'Allemagne;

et ne pouvant pas obtenir dans sa patrie les avantages que lui offrait le roi de Prusse, par le canal du prince de Hardenberg, il accepta les offres de 227 poses en prés et champs, situés dans l'Oder-Brouch, qui lui furent faites, et qui consistaient dans le don gratuit, avec permission de les vendre, s'il préférait acheter un grand domaine dans un territoire moins privilégié par la bonté du terrain. Ce fut pendant l'année 1804 que Thaer vendit ces terres concédées, et qu'il acheta le domaine de Möglin, situé à 10 lieues de Berlin, où il a fondé le célèbre institut qui existe encore, et dont je vais essayer de donner en quelques mots la description, quoiqu'il ne puisse jamais nous servir de modèle, les circonstances agricoles et mercantiles du nord de l'Allemagne étant complétement différentes des nôtres.

La terre de Möglin contient 920 poses, en grande partie en champs : c'est la grandeur ordinaire des domaines de cette partie de l'Allemagne. Le but de Thaer était de faire voir comment, sans secours du dehors, ce terrain qui est sablonneux, pouvait être amené à donner de fort beaux produits, en changeant seulement l'assolement suivi jusqu'alors; pour cet effet, il adopta sur le tiers environ des terres un assolement alterne de 7 ans, sur le reste un assolement alterne avec pâturages destinés aux moutons. Il voulait aussi former sur ce domaine une école d'agriculture, sur une plus grande échelle que celle qu'il avait fondée à Celle. Ce fut dans ce but qu'il fit construire en 1806 un vaste bâtiment pour loger 24 élèves : n'ayant pas les fonds nécessaires pour cette dépense, évaluée avec l'achat de la bibliothèque, et des cabinets de physique et de chimie à L. 32,000, il créa des actions pour les deux tiers de cette somme, portant intérêt à 5 p. $^0/_0$; elles furent souscrites en fort peu de temps, et l'école ouverte au mois d'octobre 1806. En 1819, le roi de Prusse éleva cette école au rang d'académie royale, en

accordant à Thaer et à ses descendants, pour aussi longtemps que cet établissement joint à une ferme modèle sub-
sisterait, un subside de L. 2,600 par an, sans aucune condition pour la pension à payer par les élèves. L'école n'est
destinée qu'aux personnes qui veulent se former à la direction de grands domaines, qui sont, dans cette partie de
l'Allemague, dirigés ordinairement par leurs propriétaires
ou par des régisseurs instruits. Le prix de la pension pour
une chambre meublée, le service, le dîner et le souper
pris en commun, et pour tout ce qui se rattache à l'instruction, est par année de L. 910 : le lit, le chauffage et
l'éclairage se paient à part. Le directeur actuel est Albert
Thaer, fils cadet du fondateur. Il n'y a que deux professeurs
à côté de lui, l'un enseigne les mathématiques et une partie des sciences naturelles, l'autre l'art vétérinaire et la
botanique.

Avec de faibles moyens, cet établissement a rendu de
grands services au nord de l'Allemagne, tant comme ferme
modèle, pour la culture des terres et l'éducation des moutons mérinos, que comme école ; mais cela tenait surtout à
l'homme qui était à la tête, et qui a été pour la race des
moutons le Blackwell de l'Allemagne. Il n'est pas douteux
que la Prusse a retrouvé au centuple les avàntages accordés
à Thaer, qui a puissamment contribué comme conseiller
d'Etat, à faire adopter une grande partie des mesures libé-
rales pour l'agriculture, prises sous le ministère du prince
de Hardenberg.

L'institut de Möglin a été pendant longtemps le seul en
Allemagne, mais après 1816 plusieurs états sentirent la nécessité d'établir des fermes modèles, avec des écoles pour
l'instruction agricole des élèves de toutes les classes : ce fut
dans ce but que fut créé l'institut de Schleissheim en Ba-
vière. En 1818, le Wurtemberg en créa un pareil, auquel

on joignit, en 1820, une école pour les forestiers, et une pour des orphelins, destinés à devenir des maîtres-valets, ou des domestiques de campagne. Schwertz fut appelé pour diriger cet établissement fondé d'abord à Denckendorf, puis transporté au bout de quelques mois à Hohenheim. Je crois que de tous les instituts agricoles existant à présent, c'est celui qui est le plus complet, et qui a le mieux rempli le but que l'on s'était proposé en le créant.

Le domaine de Hohenheim, qui a servi de résidence d'été au dernier grand duc de Wurtemberg, est composé de deux grands mas de terre, séparés seulement par une grande route, il est situé à 1 ¹/₂ lieue de Stuttgart; sa contenance est de 700 poses. Les bâtiments sont fort beaux, et tels qu'on peut les attendre d'une ancienne résidence royale, aussi ses nombreux habitants y sont-ils bien logés. Les étables peuvent être offertes pour modèle, tant pour la construction que pour la distribution parfaitement appropriée à chaque espèce de bétail. Le but de cet établissement était de donner au pays une ferme modèle, dans laquelle on ferait toutes les expériences qui paraîtraient intéressantes et utiles, et de procurer aux jeunes gens qui voudraient se vouer à l'agriculture, comme propriétaires, fermiers ou intendants, une instruction théorétique et pratique sur toutes les branches de l'agriculture et de l'art forestier. Comme je l'ai dit plus haut, on fonda, 2 ans après la création de l'établissement, une école pour les orphelins. Ils étaient reçus pour le prix de L. 45 par an à l'âge de 9 à 10 ans; l'institut se chargeait de tous les frais d'entretien, d'habillement et d'instruction de ces enfants, qui, dans le principe, étaient au nombre de 14; ce nombre fut dans la suite porté à 40. Cette école avait pour directeur M. Pabst qui était en même temps employé à la direction générale du domaine. Le but de l'école des orphelins était différent de celui que s'était proposé M. de Fellenberg : on consacrait beaucoup plus de temps à leur instruction ; les leçons sur l'agriculture étaient données par M. Pabst, les plus âgés suivaient également les cours avec la classe supérieure. Les leçons sur les objets ordinaires d'instruction, étaient données par un instituteur qui était continuellement avec eux et qui couchait dans le dortoir des plus petits. Quatre élèves régents étaient alors attachés à cette école, et y restaient une année : ils étaient employés à surveiller ces jeunes gens lorsqu'ils travaillaient aux champs, et ils suivaient également les cours de l'école supérieure. Jusqu'à l'âge de 14 ans, ces orphelins n'étaient employés pour les travaux agricoles que pendant 3 ou 4 heures par jour, et seulement pendant l'été ; ils faisaient alors des ouvrages peu pénibles, tels que ramasser des pierres dans les champs, sarcler des racines et ôter les mauvaises herbes des graines. Pendant les heures de récréation chacun d'eux cultivait pour son compte, et à son profit, un petit jardin, mais toujours sous la direction de leur instituteur. A l'âge de 14 ans ils sortaient de la classe inférieure et entraient alors en activité : deux étaient placés pour deux ans à l'écurie des vaches, un à celle des moutons, les autres soignaient chacun une paire de bœufs et labouraient ou charriaient avec eux. A l'âge de 16 ans, quelques-uns avaient une paire de chevaux et faisaient tous les ouvrages les plus difficiles. Lorsque j'étais à Hohenheim, en 1825, les meilleurs laboureurs de l'établissement étaient des élèves de cette école. Ceux qui montraient le plus de dispositions étaient placés aux frais du gouvernement dans des fermes de la Flandre Hollandaise. Beaucoup d'entr'eux ont été placés, plus tard, très-avantageusement et dirigent actuellement avec succès des exploitations importantes. Les frais de cette école s'étant élevés trop haut, la direction de l'établissement a changé, en 1829, cette organisation ; elle a décidé de ne plus prendre que 25 jeunes gens, qui doivent s'engager à rester 3 ans, et qui subissent, en entrant, un examen. Voici quelles sont les conditions d'admission :

1° Il faut être âgé de 17 ans ;

2° Jouir d'une bonne santé, et être en état de faire tous les ouvrages qui se présentent dans l'exploitation agricole ;

3° Être assez instruit dans la lecture, l'écriture et le calcul, et être assez développé pour suivre un cours populaire sur l'agriculture et les sciences auxiliaires ;

4° Connaître les ouvrages ordinaires de la campagne, de manière à ce que l'élève n'exige pas une trop grande perte de temps de la part des employés, et n'occasionne pas de désordre dans les ouvrages ;

5° L'élève doit payer à l'établissement L. 150 pour la première année, L. 90 pour la seconde, et rien pour la troisième. Du reste les jeunes gens qui ont une attestation de pauvreté des autorités et qui sont jugés capables de devenir de bons sujets, sont reçus gratis. Outre les élèves réguliers, l'établissement reçoit encore, pour 3 mois, des jeunes gens qui veulent se former dans une branche de l'agriculture, par exemple, dans la culture des arbres fruitiers, le labour, la préparation du lin, d'après la méthode de la Flandre, etc.

Les élèves réguliers devant être formés à la pratique de tous les ouvrages entrepris dans l'exploitation, sont successivement employés aux différents travaux, et payés pour cela, au même prix que l'on donne à Hohenheim aux ouvriers étrangers, de 22 à 24 crutz par jour. Quelques-uns en travaillant à la tâche gagnent au delà de la dernière somme. Ils paient leur nourriture prise en commun, qui leur coûte chez le traiteur de 15 à 16 crutz par jour.

L'établissement leur donne chaque jour une bouteille de cidre, et paie les frais de traitement s'ils tombent malades ; il fournit à ceux qui ne sont pas moyennés un habillement complet pour le dimanche, et à tous indistinctement les fournitures nécessaires de bureau. A la fin de chaque année, l'élève qui s'est bien comporté reçoit une prime de L. 15 à L. 22, 50 r., en sorte que ceux qui sont économes et travailleurs, peuvent parfaitement subvenir à leur entretien complet, sans rien coûter à leurs parents. Pendant la première année ils font tous les ouvrages manuels qui se présentent dans la culture du domaine ; ainsi, ils sont employés à travailler à la confection des compost, à charger et à étendre les divers engrais, à semer le gypse, à faucher le foin et les graines, et à travailler à la rentrée de ces récoltes, à faire les raies pour l'égayage des prés, et des fossés pour l'écoulement des eaux, à arranger les tas de racines qui doivent être conservées en plein air pendant l'hiver, à soigner les grains au grenier, aux travaux dela pépinière et à soigner les vaches et la laiterie. La seconde année, ils ont un attelage de bœufs à soigner, avec lesquels ils travaillent, soit au char, soit à la charrue ; à la pépinière, ils font des ouvrages plus difficiles, et apprennent à greffer : ils apprennent également à mesurer la graine, et à donner des soins au houblon et au colza.

La troisième année, ils ont un attelage de 2 chevaux qu'ils soignent complétement, et avec lesquels ils exécutent tous les travaux. Ils sont en outre occupés à semer le grain, à cultiver le houblon, ils apprennent les différentes manières de roussir le chanvre et le lin, et ils font tous les ouvrages d'égayage et d'assainissement de la ferme, enfin les plus intelligents sont employés à la fin de cette 3ᵉ année à surveiller les ouvriers qui travaillent à la journée ou à la tâche.

Quant à l'instruction théorique, elle est donnée par l'inspecteur des travaux, d'après un manuel d'agriculture populaire; il y consacre chaque jour une heure en été et deux en hiver : pendant les soirées d'hiver, les élèves font des compositions et répondent à des questions posées par le maître. On profite aussi d'une interruption de travail, occasionnée par un jour de pluie, ou par une autre circonstance, pour une instruction extraordinaire, et le dimanche et les jours de fêtes, sont employés à des excursions, ou à des exercices d'arpentage. Les leçons sont données en hiver de 6 ½ à 7 ½ heures du matin, et de 6 ½ à 7 ½ du soir; pendant l'été, de 7 à 8 heures du soir. Afin de ne pas être obligé de faire plusieurs classes, on a divisé l'enseignement en six semestres, de cette façon, les nouveaux élèves peuvent toujours être admis au commencement d'un semestre, on est seulement dans le cas de consacrer quelques leçons à mettre les nouveaux arrivants au courant des cours qui ont précédé. Voici quels sont les objets enseignés :

1er semestre : Instruction sur le bétail à cornes, et la fabrication du fromage.

2e semestre : Instruction sur l'éducation et les soins à donner aux chevaux, sur les bêtes ovines, et la connaissance des différentes espèces de laine.

3e semestre : Instruction sur les différentes espèces de terrains.

4e semestre : Culture générale des plantes, comptabilité agricole, soins à donner aux porcs.

5e semestre : Culture spéciale des plantes.

6e semestre : Des assolements, et des soins à donner aux prés, aux arbres fruitiers, et aux abeilles.

Le vétérinaire de l'établissement donne aussi un cours d'art vétérinaire, comprenant la connaissance de la nature des animaux domestiques, ainsi que des maladies les plus générales : ils apprennent encore à ferrer les chevaux et à faire quelques opérations faciles. C'est pendant l'hiver qu'ils reçoivent des leçons de calcul, de géométrie, de composition et de ce qu'il y a de plus saillant dans les sciences naturelles. A la fin de chaque semestre, il y a un examen en présence du directeur ; le résultat est porté sur le livre qui est donné à chaque élève, à sa sortie de l'établissement. Les frais de cette école se montent à L. 2868, sur lesquels l'établissement reçoit L. 600 des élèves, en supposant que la moitié d'entr'eux seulement, paient la somme fixée. Il y a donc chaque année une perte de L. 2268. Le rédacteur d'un ouvrage que j'ai sous les yeux et qui a pour titre : *Die Koeniglich Würtembergische Lehranstalt für Land- und Forstwirthschaft in Hohenheim*, Stuttgart 1842, ajoute que ce n'est pas là la seule perte, vu que les travaux exécutés par des élèves qui ne sont que commençants, reviennent beaucoup plus chers que ceux exécutés par des domestiques hommes faits, ou par de bons journaliers.

L'école d'agriculture supérieure a commencé en même temps que l'ouverture de l'établissement de Denkendorf, et a continué jusqu'à ce jour, mais en subissant divers changements, qui ont été pour la plupart, de véritables perfectionnements. La 1re année le nombre des élèves à été de 6 du pays, et de 2 étrangers. En 1820, lorsqu'on eut joint à l'école agricole, l'école forestière, le nombre des élèves du pays fut de 36, et de 2 étrangers. En 1830, il était de 45 du pays, et 13 étrangers. En 1840, de 38 du pays, et de 51 étrangers, enfin en 1842, de 36 du pays et de 45 étrangers ; dans ce nombre 21 élèves du pays, et 8 étrangers, étudiaient l'art forestier.

Le nombre des professeurs réguliers est actuellement de 6, outre le directeur ; 4 employés à la culture du domaine, et 2 maîtres venant du dehors, donnent également des leçons.

L'âge fixé pour l'admission des élèves est 18 ans, mais on fait des exceptions, pour ceux qui ont les connaissances préliminaires nécessaires. Ils reçoivent des leçons sur toutes les parties de l'agriculture, la connaissance et les soins à donner à toute espèce de bétail, la culture de la vigne, et des arbres fruitiers, les soins à donner aux mûriers et aux vers à soie ; ils apprennent la manière de fabriquer la bière, de distiller l'eau de vie, de faire le vinaigre et le sucre de betteraves. Ils reçoivent aussi des leçons de tenue de livres agricole. Les élèves de l'école forestière reçoivent, en particulier, des leçons sur toutes les parties de l'art et du droit forestier. On enseigne encore, dans l'établissement, aux élèves des deux écoles, l'arithmétique, l'algèbre, la géométrie plane, le stéréométrie, la trigonométrie, la géométrie pratique, la physique, la mécanique, la chimie, l'oryctognosie, la géologie, la botanique, (pour cette science, le professeur fait avec les élèves des excursions dans les environs d'Hohenheim), la zoologie, l'art vétérinaire, l'architecture agricole, et enfin le dessin des plans et des machines.

Si l'élève n'est pas suffisamment préparé, à son arrivée dans l'établissement, il fait bien d'y passer deux ans, il consacre la première année à l'étude des sciences auxiliaires, et la seconde à l'étude et à la pratique de l'agriculture et de l'art forestier.

Les élèves ont, pour leur instruction pratique, les uns le domaine d'Hohenheim, les autres l'arrondissement forestier qui contient 4,200 poses. Le jardin botanique renferme 1,000 espèces de plantes intéressantes pour les agriculteurs et les forestiers. La bibliothèque qui contient 2,500 volumes sur les sciences spéciales et auxiliaires, est ouverte deux fois par semaine ; l'établissement possède aussi des collections de toute espèce, destinées à l'instruction des élèves.

Les élèves étrangers de l'école d'agriculture paient pour les leçons, et une chambre complétement meublée, L. 450. Ceux du pays ne paient que L. 150, mais ils fournissent leur lit. Les étrangers de l'école forestière paient L. 270, ceux du pays L. 90. Ils fournissent tous le bois et la lumière, paient pour le service 15 batz par mois, et L. 6 par an pour la jouissance du cercle de lecture, qui possède la plupart des journaux politiques et scientifiques. Quant à la nourriture, le prix se règle chaque six mois d'après celui des vivres, il est en moyenne de 23 crutz par jour pour le dîner et le souper, sans vin. Les élèves sont, du reste, libres de se nourrir comme ils le veulent, et de prendre leur pension hors de l'établissement.

Voici maintenant le compte des dépenses et du produit des deux écoles supérieures :

Le directeur reçoit	L. 3,300	
L'aide du directeur,	1,500	
Le caissier de l'établissement,	1,950	
Le teneur de livres,	675	
Un commis au bureau,	622	8,047
Un professeur d'agriculture,	1,500	
Le 1ᵉʳ professeur de l'art forestier, qui est en même temps inspecteur de toute la division, reçoit, comme professeur, un subside de	825	
Le 2ᵉ professeur d'art forestier,	1,500	

		Transport	L. 8,047
Transport	L. 3,825		
Le professeur de mathématiques et de physique,	L. 1,500		
Le professeur de chimie et d'histoire naturelle,	1,500		
Le professeur de technologie,	1,500		
Le professeur le plus ancien reçoit un subside extraordinaire de	500		
Le vétérinaire de l'établissement reçoit, comme maître,	750		
L'employé qui enseigne aux élèves à se servir de tous les instruments agricoles, reçoit pour cela	375		
Le premier jardinier, qui enseigne la culture des pépinières et des arbres fruitiers,	150		
Le maître de dessin pour les machines, est payé d'après le nombre de leçons qu'il donne, il reçoit ordinairement	60		
Le portier reçoit	585	10,545	
La bibliothèque reçoit chaque année une subvention de	750		
Frais d'impression des programmes, annonces des leçons, etc,	225		

Subvention aux professeurs

			Transport	18,592
Transport	L.	975		
qui accompagnent les élèves dans les excursions agricoles,		300		
Subside annuel à la salle des modèles, et à la collection des instruments agricoles.		375		1,650
Le cabinet, contenant les différentes espèces de terre, et la collection des produits agricoles et forestiers, reçoivent,		75		
Dédommagement à la ferme pour les objets qui ne servent qu'à l'instruction des élèves, tels que : 1° Le champ d'essai et le jardin botanique,		300		
2° Education des vers à soie,		50		
3° Pour apprendre aux élèves à labourer et à semer,		120		525
Frais pour l'enseignement des sciences auxiliaires ;				
Pour le cabinet de mathématiques et de physique,		150		
Pour celui de chimie,		300		
Celui de minéralogie,		75		
Celui de botanique,		75		
Celui de zoologie,		150		
Pour le cabinet d'anatomie,		37		
Pour les objets employés dans les leçons de chimie et de botanique.		300		1,087

	Transport	21,854
Frais pour le matériel des écoles et des professeurs : Entretien du mobilier, des chambres des élèves, et frais de blanchissage des draps de lit, etc.,	525	
Eclairage des corridors, des auditoires, et de la demeure du portier,	225	
Chauffage,	975	
Réparations aux logemens des professeurs et des élèves,	600	
Frais de bureau, messager, ports de lettres et affranchissements,	795	
Dépenses imprévues,	270	3 390
		25,244

Le rédacteur de l'ouvrage déjà cité, fait remarquer que si quelques-uns des objets portés en dépense, paraissent ne devoir pas concerner exclusivement les écoles, on les a cependant portés en compte, afin de compenser plusieurs charges occasionnées à l'exploitation par la présence des écoles, et d'être en état d'évaluer exactement les frais et les produits de la ferme.

Les écoles rapportent :

1° La pension payée par les élèves : elle s'est élevée du 1er novembre 1841 au 31 octobre 1842, à   L. 20,895

2° Les personnes qui ne passent qu'un mois dans l'éta-

Transport :   20.895

blissement, et qui paient 15 batz par jour, pour les cours et le logement, ont donné,   480

Quelques élèves qui ont des chambres au château, paient de plus,   395   21.770

La perte occasionnée par les écoles supérieures, en supposant que les élèves soient aussi nombreux qu'ils l'étaient de 1841 à 1842, est de L. 3475.

Tous les professeurs ont un logement spacieux, dans les bâtiments du château, et la jouissance d'un jardin.

Quelquefois, la direction supérieure accorde une subvention extraordinaire, pour augmenter les collections, ainsi en 1842, on a accordé une somme de L. 3675, pour changer la disposition de la bibliothèque, et pour completter la salle des modèles et des instruments agricoles.

L'établissement d'Hohenheim est sous la direction générale d'une commission centrale, (Centralstelle) qui se réunit à Stuttgart; elle est présidée par un conseiller d'Etat, et ressort du ministre de l'intérieur; elle est composée de 14 personnes; le directeur actuel d'Hohenheim en fait partie ainsi que le directeur des domaines royaux.

Le directeur d'Hohenheim a sans doute un grand pouvoir d'exécution, et c'est de son savoir et de son activité que dépend en bonne partie la réussite de l'établissement; cependant on peut dire que le mouvement est imprimé par la commission de Stuttgart, et que c'est grâce à cet arrangement que les 4 changements de directeurs qui ont eu lieu depuis 25 ans, n'ont pas entravé sa prospérité toujours croissante.

Après avoir donné cet aperçu sur l'organisation des écoles d'Hohenheim, il est nécessaire, de dire quelques mots de la ferme modèle, afin que l'on puisse se former une idée juste de l'ensemble de l'établissement.

Les 700 poses qui forment le domaine se composent de :

Une pépinière d'arbres d'ombrages appartenant au roi, mais qui peut toujours être visitée par les élèves accompagnés d'un maître ; elle contient : 15 $\frac{1}{3}$ poses.

L'établissement loue avec une auberge et deux moulins,	10 $\frac{2}{3}$
L'institut administre directement :	
Prés,	137 $\frac{1}{2}$
Champs destinés aux essais,	21 $\frac{1}{2}$
Champ consacré aux élèves pour apprendre à labourer,	1 $\frac{1}{4}$
Verger servant en même temps de pâturage,	7
Pépinière d'arbres fruitiers,	47
Houblonnière,	1 $\frac{3}{4}$
Jardin botanique,	10
Bois planté autour des étangs,	4 $\frac{3}{4}$
Etangs, chemins, cours et bâtiments, pâturages permanens pour les moutons,	62
Champs.	381 $\frac{1}{4}$
	700

On cultive en moyenne chaque année, dans ces 381 $\frac{1}{4}$ poses de champs :

En colza,	36 poses.
En froment,	53
En épeautre,	36
En seigle,	12 $\frac{1}{2}$
En orge,	33
En avoine,	28
	178 $\frac{1}{2}$

Transport,   178 $\frac{1}{2}$

En froment de printemps,	1 $\frac{1}{2}$
En avoine et poisettes mêlées,	16
En luzerne,	8 $\frac{1}{4}$
En trèfle,	32
En avoine et poisettes pour fourrage,	56
En pommes de terre,	51
En betteraves,	28
En graminées et trèfle mêlés, destinés à être fauchés ou à servir de pâturage aux moutons,	50
	381 $\frac{1}{4}$

Voici quel a été le produit moyen de 1831 à 1841, de chacune de ces plantes :

La pose de froment d'hiver a produit,	92 $\frac{1}{2}$ quart,, et	57 quint. de paille.
De froment d'été,	84 $\frac{1}{2}$	33
D'épeautre,	213	35
De seigle,	91	31
De colza,	73	20
D'orge,	118	27
Avoine,	143	26
Poisettes et avoine,	127	32
Pommes de terre,		187 quintaux.
Betteraves,		236
Trèfle séché,		71
Luzerne,		60
Poisettes séchées,		42

Le bétail qui consomme les nombreux produits de la ferme consiste : en 70 vaches et génisses de la race du

Sibenthal ; 1000 moutons, la plus grande partie de race mérinos, le reste de moutons anglais à longue laine, et de croisés anglais et mérinos. La ferme emploie pour la culture des terres, 4 chevaux, 6 juments poulinières et 28 bœufs, dont 12 sont mis chaque hiver à l'engrais. Tout le bétail est nourri très-abondamment : les vaches qui pèsent en vie 1,200 liv., reçoivent par jour une ration équivalant à 37 liv. de foin : elles sont nourries toute l'année à l'écurie, au vert pendant la première moitié, au foin et aux betteraves pendant la seconde. L'établissement vend tout son lait à un entrepreneuur, au prix de L. 1 les 11 $\frac{1}{2}$ pots ; il est tenu de convertir la plus grande partie de ce lait, en différentes espèces de fromage, pour l'instruction des élèves, ce même homme possède tous les porcs, mais il est obligé d'en avoir de plusieurs races. Cet arrangement simplifie beaucoup la surveillance des produits du bétail.

La pépinière est soumise à un assolement régulier, ainsi que M. Creux croyait que cela pourrait se faire chez nous ; pendant 6 ans le terrain est consacré à la culture des arbres, la 7e année on sème des poisettes pour fourrage sur une forte fumure, la 8e des betteraves, la 9e avoine avec un mélange de trèfle et de graminées, propre à être fauché, 10e, 11e, 12e trèfle et graminées. Du reste cet assolement varie, si le terrain qui a porté des arbres, ne peut pas être débarrassé au bout de 6 ans. Le but de cette pépinière outre l'instruction des élèves, est de procurer des arbres à bas prix, et d'espèces variées, dont on puisse être sûr, tant aux gens du pays qu'aux étrangers : on en a déjà expédié jusqu'au cap de Bonne Espérance, qui ont parfaitement réussi. Le revenu net de la pépinière est bien éloigné de celui sur lequel compte M. Creux ; il a été sur une moyenne de 10 ans, de L. 44 par pose. Celui de la houblonnière a été de L. 151 par pose.

Les frais occasionnés par la culture du jardin botanique et des champs d'expériences, sont couverts, en partie par la somme portée au débit des écoles, et en partie par la vente à des prix cotés aussi bas que possible, de toutes les plantes que l'on y cultive.

On a planté, sur une étendue d'environ 1 $^2/_3$ pose, des mûriers en haie, et à basses et hautes tiges. En 1842, les feuilles provenant de ces mûriers ont fourni à l'éducation de 4 onces de vers à soie, qui ont produit 360 liv. de cocons, estimés à L. 1, 20 la livre : le bénéfice net de cette industrie à été de L. 170.

Une fabrique d'instruments agricoles fondée à Hohenheim dès le commencement de l'établissement a été fort utile, tant au Wurtemberg qu'aux pays environnants, elle occupe actuellement 19 ouvriers. Elle a été remise depuis 1831 en amodiation au maître charron ; l'Institut est cependant seul responsable de la bienfacture des instruments, qui ne sont jamais expédiés avant d'avoir été éprouvés et d'avoir reçu la marque d'Hohenheim. Cette fabrique depuis son origine jusqu'à la fin de 1842, a livré 2319 charrues belges et flamandes ; l'établissement fait un sacrifice pour celles qui sont vendues à des Wurtembergeois. La charrue flamande n° 3 qui est la plus légère, se vend au prix de L. 21, 75, le n° 7 qui a le corps de la charrue en fer, et qui est très forte, coûte L. 35. Hohenheim possède un moulin qui a été reconstruit à l'anglaise en 1840, mais il est loué, étant trop éloigné des bâtiments de ferme : par contre, l'établissement exploite, lui-même, une fabrique de sucre de betteraves, une distillerie de pommes de terre, une brasserie de bière, une fabrique d'amidon et une de vinaigre.

Pour finir ce que j'ai à dire sur Hohenheim, j'ajouterai que depuis plusieurs années l'établissement se suffit à lui-même. Si les écoles coûtent, les produits de la ferme modèle paient non-seulement ce déficit, mais permettent encore de réparer chaque année quelques parties des bâtiments du château et de ses dépendances qui seront bientôt entièrement restaurés, tandis que lorsque la ferme modèle a été établie ce vaste château était une véritable ruine ayant servi d'hopital militaire en 1814. Le seul sacrifice que fasse l'état est celui de la rente du domaine, qui peut être évaluée à L. 12,000, sur lesquels il y aurait au moins L.2,000 à déduire, pour l'entretien et l'assurance de tous les bâtiments. Quant au capital en circulation, composé du chédal vif et mort, ainsi que des avances de culture, qui était porté le 1er novembre 1841 sur l'inventaire à L. 129,641, il s'est en grande partie formé par les économies faites par l'établissement. La valeur de toutes les collections n'est pas comprise dans cette somme.

Peu après la création de la ferme modèle et des écoles de l'institut d'Hohenheim, M. Mathieu de Dombasle fondait à Roville, sur un domaine affermé, l'établissement qui est devenu célèbre, et bien connu, par la publication des Annales de Roville : comme je les crois en mains de la plupart des agriculteurs de notre pays, je ne m'arrêterai pas longtemps sur cet institut, mais il me paraît intéressant de le mettre en regard des autres, afin de pouvoir juger, quels sont ceux qui ont le mieux répondu à ce que l'on attendait d'eux. L'établissement de Roville a été ouvert le 4 Décembre 1822 ; un capital de 45,000 fr. de Fr. formé par la création de 90 actions de 500, fr. de Fr. a servi à sa fondation : ces actions devaient porter un intérêt de 5 p. % l'an, et être remboursées par la voie du sort, à dater du 1er Juillet 1829, par 10me d'année en année. Peu de temps après, les actionnaires reconnaissant l'insuffisance de ce capital, décidèrent de le porter à 60,000, fr. et déjà le 26 Mai 1825, M. Mathieu de Dombasle sentant qu'il était

arrêté chaque jour dans ses projets d'amélioration, parce
que le domaine n'était qu'affermé, proposait d'en faire
l'achat. Le propriétaire consentait à vendre avec la
ferme, le château et sa réserve. M. Mathieu de Dombasle
proposait aussi un autre domaine situé dans le même
département, si les actionnaires pensaient qu'il convînt
mieux que celui de Roville. Dans l'un et l'autre cas, un
capital de 500,000 fr. de Fr. était nécessaire pour réaliser
ce projet, ce capital aurait porté un intérêt de 3 p. %, mais
il ne put pas être réuni, et l'établissement continua à exister
à Roville jusqu'à la fin du bail qui était de 18 ans. Ce domaine avait 424 poses de prés et champs avec de bons
bâtimens de ferme, mais aucun pour les élèves, qui se
logeaient et se nourrissaient au village le plus rapproché.
Le prix pour les leçons données à l'Institut par M. Mathieu
de Dombasle et un ou deux maîtres, était de 300 fr. de Fr. ;
quoique ce prix paraisse élevé, l'établissement était cependant en perte pendant les premières années, parce que le
nombre des élèves était trop peu considérable : plus tard il
a donné du bénéfice. M. Mathieu de Dombasle avait l'intention d'établir une école pour des enfants pauvres, dans
le genre de celle qui existait à Hoffwyl, mais il en a
toujours été empêché par les frais que cela aurait occasionné.
L'établissement de Roville a rendu de grands services,
en répendant dans toute la France et les pays environnants,
des instruments perfectionnés : cette fabrique d'instruments
a aussi contribué au soutien de l'établissement; sans elle,
la ferme proprement dite aurait donné de fortes pertes,
ce qui est très-compréhensible, le terrain s'étant montré
beaucoup plus mauvais qu'on ne s'y attendait, et le directeur ayant dû se livrer, tant pour l'instruction des élèves,
que dans l'intérêt de la science, à des expériences qui
étaient souvent onéreuses. Les pertes s'élevèrent assez haut

en 1830, et l'état de gêne qui en fut la suite, compromettait l'existence de l'établissement, lorsque M. de Montalivet, alors ministre de l'intérieur, accorda à M. Mathieu de Dombasle plusieurs avantages ; d'abord 4,000 fr. de Fr. à titre d'encouragement, puis il créa pour des élèves 10 bourses de 300 fr. de Fr. chacune, enfin il acheta pour 8,000 fr. de Fr. d'instruments qui se vendaient alors difficilement. En 1832 il accorda de nouveau 18,000 f. de Fr. à titre d'encouragement, et l'entrée en France en franchise de droit de 200 moutons Allemands. Au bout des 18 ans, durée du bail à ferme, l'établissement a cessé d'exister : il est à regretter, qu'il n'ait pas été fondé d'une manière plus stable, puisque son utilité était reconnue, et n'aurait pu que s'accroître.

Le second grand établissement agricole fondé en France est celui de Grignon, beau domaine situé dans les environs de Versailles de la grandeur de 1037 poses en prés, champs et bois : il a commencé à être exploité au mois de Juin 1817. Cet institut a été fondé sur des bases bien différentes de celui de Roville, quoique créé par actions. Le capital fut fixé à 600,000 fr. de Fr., la moitié de cette somme qui fut souscrite de suite, devait servir au fonds de roulement de la ferme, la seconde moitié ne devait être souscrite que lorsque l'école pour les élèves de 1re classe destinés à former des directeurs de grands domaines, et l'école pour les élèves de seconde classe destinés à devenir de bons valets de ferme seraient fondées. Cette seconde moitié du capital, ne put être réunie en 1832, lorsque l'on procéda à la formation de ces écoles, à cause des événements politiques de ce temps-là ; elles furent cependant ouvertes, mais d'après un plan moins vaste que celui qui avait été projeté. Le gouvernement contribua au soutien de l'école supérieure en créant d'abord, pour des élèves, 3 bourses de 1,000 fr.

de Fr. chacune, et en portant ensuite ce nombre à 8. Le prix ordinaire pour l'instruction et l'entretien complet des élèves fut fixé pour les internes à 1300, fr. de Fr. et pour les externes à 1500, fr. de Fr. Le domaine de Grignon fut acheté par le roi, qui le concéda à la société pour le terme de 40 ans, sous la seule condition qu'elle fit des améliorations foncières pendant la durée de ce temps pour la somme de 300,000 fr. de Fr. Malgré cette clause, le bail ne peut être considéré que comme très-modéré, et le terme de 40 ans comme équivalant presque à la propriété. Cet établissement nous intéresse beaucoup moins que les autres, parce que les circonstances qui ont accompagné sa création, ne peuvent jamais se rencontrer chez nous ; il aurait du reste rendu de bien plus grands services, s'il avait été fondé par le gouvernement, car tel qu'il est, si j'en crois un témoin oculaire qui a passé quelques jours à Grignon pour l'étudier, il ne peut en aucune façon être comparé à Hohenheim pour lequel on a cependant beaucoup moins dépensé.

Les 4 établissements dont je viens de donner très en abrégé la description, ont été créés, autant pour servir à l'instruction pratique des agriculteurs des pays où ils ont été fondés, qu'à l'instruction théorique et pratique des élèves. Le premier but s'alliait du reste fort bien avec le second, car si un grand établissement agricole est dirigé de manière à pouvoir servir de modèle aux agriculteurs praticiens ; si l'on y essaie la culture des plantes qui pourraient être introduites avec avantage dans le pays, et que l'on y fasse en même temps toutes les expériences intéressantes, son utilité pour les élèves de l'école, n'en sera que plus grande. A en juger par la lettre que la commission, nommée le 23 Novembre 1841, a adressée au Conseil d'Etat en date du 5 Mars 1842, au sujet de la création d'une école d'agriculture dans le Canton de Vaud, le but que l'on se

proposerait chez nous serait différent. « La commission
» estime que cette direction d'utilité devrait porter sur
» l'instruction à donner aux jeunes gens se vouant à l'agri-
» culture, plutôt que sur l'instruction à donner aux agricul-
« teurs pratiquant ; en d'autres termes que l'établissement
» devrait être une école d'agriculture et non une ferme
» modèle. Mais la pratique étant nécessaire pour l'instruc-
» tion, le terrain joint à l'école peut offrir, dans sa plus
» grande étendue, un exemple de culture et devenir ferme
» modèle.

» Il est cependant important de poser cette base qui
» influe sur l'organisation entière. La commission ne donne
» pas ici ses motifs pensant qu'il n'y a sur ce point aucune
» divergence d'opinion, et sa tâche étant l'examen de la
» question d'école. »

Si je n'avais pas pour moi l'opinion de personnes com-
pétentes, qui ont été à la tête d'établissements agricoles
destinés à servir, en même temps, de ferme modèle et d'école
d'agriculture, j'oserais à peine dire, que je suis d'un avis dia-
métralement opposé. Ainsi que l'observe un anonyme, qui a
écrit une lettre remplie de faits intéressants au Courrier
Suisse, le 1er Décembre 1843, au sujet d'une école d'agriculture, des instituts agricoles ont été fondés dans quelques
Universités de villes allemandes, telles que Bonn, Rostock
et Jenna. De petites exploitations agricoles, situées près
de chacune de ces villes, étaient attachées à ces Instituts :
elles étaient dirigées de manière à pouvoir servir d'instruction pratique aux élèves. Mais ce que l'auteur de la lettre
ne dit pas, c'est que ces instituts n'ont point répondu à l'attente des fondateurs, et ont attiré fort peu d'élèves, ce qui
venait de ce que l'élément essentiel, une grande ferme,
manquait. Ce qui fait le grand mérite d'une école d'agriculture, que ce soit une école supérieure, ou une école

destinée essentiellement à des agriculteurs travaillant ma-
nuellement, ce ne sont pas seulement les cours, lors même
qu'ils seraient donnés par les professeurs les plus distingués, mais la vue de tous les jours, d'une grande exploitation bien dirigée. Je me plais à reconnaître, que je
suis en grande partie redevable des faibles connaissances
que je puis avoir en agriculture, à une année de séjour à
Hohenheim, pendant laquelle j'ai suivi, tous les jours, les
opérations de l'exploitation agricole, et pris part aux con-
versations intimes des professeurs et des élèves; les con-
versations de la soirée roulaient sur les travaux de la
journée, et donnaient lieu à bien des observations, et à des
comparaisons avec les pratiques agricoles d'autres pays.
Quant aux cours sur l'agriculture, quoiqu'ils fussent donnés
par Schwertz, ils m'ont paru beaucoup moins intéressants,
que ceux que j'avais entendus sur cette partie, tant à
Gœttingen qu'à Heidelberg. Les cours sur les sciences
auxiliaires, ne pouvaient pas non plus être comparés à ceux
donnés dans des Universités, parce que les professeurs
n'avaient pas à leur disposition des cabinets et des collections aussi complets. Il est impossible qu'il en soit autrement dans des établissements de ce genre, quelque bien
montés qu'ils soient d'ailleurs : ce sera donc toujours la
vue d'une grande exploitation bien dirigée qui attirera des
élèves, plutôt que des cours.

Je crois que, nulle part, une grande ferme modèle ne
serait plus utile que dans le Canton de Vaud; sa création
n'empêcherait du reste pas que l'on fit donner, à l'académie de Lausanne, un cours d'agriculture, qui procu-
rerait à tous les étudiants qui se destinent à remplir plus
tard des places dans l'administration, l'occasion d'acquérir
des notions justes sur l'agriculture. Ces cours sont suivis,
en Allemagne, par toutes les personnes qui étudient la

science de l'administration publique, et c'est peut-être à
eux, que l'Allemagne est redevable des beaux établissements
agricoles qu'elle possède, et qui ont été fondés aux frais
des gouvernements, parce que ses hommes d'Etat ont compris de quelle importance ils seraient pour leur pays.

L'agriculture du Canton de Vaud, quoique beaucoup
plus avancée que celle de plusieurs pays qui l'avoisinent,
l'est cependant moins qu'elle ne devrait l'être, si l'on con-
sidère tous les avantages que nous possédons; l'abolition
de toutes redevances en nature, comme dîmes et cens, ainsi
que celle des corvées, puis, de très-légers impôts, et
des communications presque partout excellentes. Ce qui
manque à l'agriculture Vaudoise, ce sont de bons exemples
à suivre, et la preuve en est, que depuis quelques années,
des communes entières ont changé l'ancienne charrue du
pays qui était très-défectueuse, contre des charrues sans
avant-train et en fer, qui exigent moins de tirage et font
un meilleur ouvrage, dès qu'elles les ont vues fonctionner
avec succès chez quelques propriétaires de leur voisinage.
Une grande ferme modèle, à laquelle on joindrait des écoles,
pour l'enseignement théorique et pratique, pour toutes les
classes de la société, fondée au centre du pays, si possible à
2 ou au plus, à 3 lieues de Lausanne, attirerait certainement, l'attention de la plupart des agriculteurs. Je suis persuadé que chaque soldat, qui irait à Lausanne pour son
instruction militaire, ne quitterait pas cette ville, sans avoir
visité cet établissement. Il va sans dire, que dans les commencements, il serait en butte à bien des attaques; c'est le
sort de tous les établissements nouveaux, mais s'il était
bien dirigé, cette critique ferait place plus tard, à un
autre sentiment, et chacun s'empresserait d'imiter ce qui
lui aurait paru applicable à ses circonstances. L'établissement en question n'est probablement pas désiré par la

majorité des agriculteurs, ce que l'on comprend aisément, peu d'entr'eux ayant une idée juste de ce qu'il serait; mais si une fois l'avantage de sa création était reconnu, je crois que la question de savoir par qui il doit être fondé, serait bientôt résolue dans ce sens, que c'est l'Etat qui doit en être chargé. Les villes profiteraient presque autant que les campagnes, d'un établissement agricole fondé par l'Etat, puisque s'il contribue à apprendre aux agriculteurs, à tirer un meilleur parti de leurs terres, ils pourront vendre leurs produits à meilleur marché, et dans tous les cas, l'état de bien-être de la majorité de la population, influe nécessairement sur celui du pays entier. Du reste, je ne puis pas croire que les députés des villes s'opposassent dans le Grand Conseil à la création de l'établissement en question; s'ils le faisaient, ce serait bien à tort, puisque les villes retirent la plus grande part de l'argent dépensé pour l'instruction publique. La population des 16 villes du Canton de Vaud, d'après le tableau officiel de 1841, est de 47,573 habitants: dans ce nombre plusieurs d'entre elles devaient être comptées comme faisant partie de la population des campagnes, parce qu'elles ne retirent aucune finance de l'Etat, n'ayant pas rempli pour leurs colléges toutes les conditions exigées. L'Etat a dépensé en 1842, pour l'académie, le gymnase, et le collége inférieur, ainsi que pour les établissements cantonaux utilisés par l'académie et le gymnase, et pour la bibliothèque. . . . . F. 81,585. 31.

Pour les colléges et écoles moyennes combinés. . . . . 37,145. 80.

Pensions de retraite aux instituteurs des anciens colléges communaux . . . . 5,009.

F. 123,558. 11.

L'Etat a dépensé pour 142,102 habitants des campagnes :

Ecoles normales	F. 21,726. 84.
Ecole d'application:	635. 20.
Ecoles primaires	56,821. 15.
Pensions de retraite aux régens d'écoles émérites.	11,305. 78.
	F. 70,488. 97.

Après avoir éxaminé ces chiffres, personne ne trouvera, sans doute, que la prétention des agriculteurs de faire peser en entier sur l'Etat les frais de fondation et d'entretien d'un établissement qui leur serait utile à tous , soit injuste. Puisqu'il n'a jamais été question, et cela avec beaucoup de raison, de créer nos établissements supérieurs d'instruction publique par le moyen d'actions, ou par des souscriptions volontaires, pourquoi l'établissement agricole, s'il est trouvé utile et nécessaire, ne serait-il pas également fondé par l'Etat? Aussi longtemps que notre budget présentait un déficit, il était bien naturel que l'on ne proposât pas de faire les frais d'un nouvel établissement, mais l'état actuel de nos finances permettrait certainement cette augmentation de dépenses, sans qu'il fût nécessaire de créer de nouveaux impôts.

Je regarde comme un axiome, que notre culture est susceptible de faire encore d'immenses progrès, que notre sol peut occuper au moins un quart de plus de travailleurs, et produire un tiers de plus qu'il ne produit à présent. Il est extrêmement à désirer que l'agriculture devienne toujours plus le goût dominant dans notre pays, parce que c'est elle qui pourra le mieux payer les peines de celui qui s'y adonnera. Toutes les carrières sont passablement encombrées chez nous ; de là des pétitions toujours renaissantes, pour le libre exercice du notariat, des charges de procureurs, de pharmaciens, etc ; on demande continuellement la formation de nouvelles places, tandis que bien des personnes trouvent qu'un des vices de notre organisation est d'en avoir trop. — Un Institut agricole serait également utile, pour dissiper bien des préjugés qui datent de fort loin, mais qui n'en sont pas moins incompréhensibles. En Suisse il est fort rare qu'un homme qui a reçu une bonne éducation, et qui possède un petit capital, songe à prendre un grand bien à ferme, tandis que dans d'autres pays qui passent pour avoir des mœurs très-aristocratiques, par exemple l'Angleterre, l'état de fermier est honoré, et il ne vient à l'esprit de personne de les estimer moins que les propriétaires, aussi y trouve-t-on des fermiers certainement plus riches que les trois-quarts des grands propriétaires Vaudois. — En Wurtemberg, depuis la fondation d'Hohenheim, les jeunes gens instruits et riches sont devenus fermiers, ce qui n'arrivait pas avant la création de cet établissement.

Lorsque les grands domaines du canton de Vaud, seront cultivés par leurs propriétaires, ou par des fermiers instruits, ayant de longs baux, l'opinion à leur égard changera entièrement : par contre, s'ils continuent à être morcelés en petites fermes, et que les propriétaires ne s'intéressent pas plus à leur culture qu'ils ne l'ont fait jusqu'à ce jour, nul doute, que dans un temps, peut-être assez rapproché, il n'en existe presque plus. Comme l'observe fort bien M. Mathieu de Dombasle, « les terres, ainsi que tout autre » genre de propriétés, tendent invisiblement à se ranger » entre les mains de ceux qui savent en tirer le parti le plus » élevé. » Les terres affermées dans le canton de Vaud, produisent une rente beaucoup moins élevée que celle que les propriétaires retireraient s'ils vendaient leurs domaines en détail, et malgré cela, il est rare que les fermiers fassent de brillantes affaires. Cela tient à plusieurs causes ; la première me paraît être les baux trop courts, la seconde, comme je l'ai déjà observé, la manière dont les fermiers ont été considérés jusqu'à présent, ce qui a empêché les personnes aisées et instruites de se vouer à cet état, et ce qui a obligé les propriétaires à morceler leurs domaines en deux ou trois fermes. Ce morcellement est toujours une très-grande faute, les frais de construction de fermes, ainsi que ceux d'exploitation n'étant point en rapport avec la grandeur des domaines. Les personnes qui entreprennent chez nous la culture d'une ferme, sont ordinairement des propriétaires, qui ont su passablement cultiver leurs petits domaines de 10 à 15 poses, mais qui sont fort embarrassés d'en cultiver un qu'on a cru mettre à leur portée, en le réduisant à 60 ou 80 poses.

Les grands domaines bien cultivés, deviendraient de véritables fermes modèles, pour la contrée où il sont situés, et il n'y a que ceux qui les exploitent qui puissent conduire au marché la majeure partie de leurs produits. La terre, dans la plupart de nos communes, n'est pas trop divisée, et, dans les plus mauvaises années, il est rare que leurs habitants ne puissent pas conduire au marché une partie des grains qu'elles produisent. Suivant que les années sont bonnes ou mauvaises, la proportion change entièrement ; ainsi dans les bonnes, je pense que j'expédie, hors du cercle de Cudrefin, la $\frac{1}{10}$ partie des grains qui en sortent, tandis que dans les mauvaises, comme celle-ci par exemple, j'en exporterai au moins le $\frac{1}{3}$. Sans sortir de la Suisse, nous trouvons des cantons, entr'autres celui de Zurich, où la propriété est tellement divisée, que dans les années ordinaires la totalité des grains produits par une commune, se consomme par ses habitants. Si l'année est mauvaise, elle est obligée d'en tirer du dehors, et le prix hausse alors beau-

coup et promptement, ce qui est toujours le cas lorsqu'on
est obligé de tirer de l'étranger la plus grande partie de sa
subsistance. Fort heureusement pour nous, nous sommes
bien éloignés de la position de Zurich, qui, sur une étendue
de 32 milles carrés, a une population de 251.576 habitants,
tandis qu'avec une étendue de 62 $\frac{1}{2}$ milles carrés, notre
pays n'en a que 189,675.

La manière dont on envisage, chez nous, la grande propriété, a beaucoup influé sur les propositions qui ont été
faites, pour l'organisation de l'établissement agricole à former ; on a eu en vue, surtout les propriétaires de 20 à 30
poses, et partant de là, un domaine de 100 poses de terres
arables et quelques poses de prés et de vignes, paraissait
suffisant. Peut-être les auteurs du projet ont ils été aussi in-
fluencés par l'idée, que cet établissement devant être fondé
au moyen d'actionnaires, il serait plus facile de réunir le
capital nécessaire pour l'achat d'un domaine de 120 poses
que pour un de 260 à 300. Mais lors-même que l'on pose-
rait en principe que l'école d'agriculture ne sera destinée
qu'aux jeunes gens travaillant eux-mêmes, un domaine de
120 poses serait beaucoup trop petit, parce qu'il n'offrirait
pas assez d'occasions aux élèves de s'exercer aux travaux
manuels. Ce domaine n'occuperait que deux charrues, et si
l'école réunit seulement 20 élèves, comment veut-on les
former tous à la conduite de la charrue. Il en serait de
même de tous les autres travaux.

Pour l'instruction des élèves, il faut que la ferme ait
plusieurs assolements ; un avec les plantes de commerce
qui peuvent être cultivées avec avantage dans notre canton
telles que le chanvre, le lin, le tabac, le colza, et peut-
être la garance ; un autre, sans plantes de commerce ; un
troisième avec des herbes artificielles, demeurant en place
plusieurs années ; un quatrième avec des racines. L'école

devra nécessairement posséder plusieurs espèces de bêtes d'attelage ; une partie pourrait être des juments poulinières de la race reconnue la meilleure pour le trait ; ce serait un bétas d'une nouvelle espèce, qui ne coûterait rien, et aurait probablement de meilleurs résultats que l'ancien. Quant au bétail de rente, il faudrait nécessairement un troupeau de vaches, et un de moutons.

J'estime que l'on ne pourra pas former un établissement utile sans avoir un domaine d'au moins 250 poses en prés et champs, et 5 ou 6 en vignes. Cette étendue de terrain pourra offrir de l'occupation et tous les objets d'instruction aux élèves qui se destineraient à la direction de grands domaines, et qui ne seraient astreints à aucun travail manuel ; aux élèves de seconde classe qui voudraient apprendre à cultiver leurs terres, ou à devenir de bons maîtres-valets et domestiques, et qui seraient astreints à tant d'heures de travail par jour, ou mieux encore, qui seraient payés, pour tout ce qu'ils feraient, à tant par heure. Enfin, avec un domaine de cette grandeur, il serait possible de fournir toujours de l'occupation à 100 jeunes gens de la classe la plus pauvre et la plus malheureuse, celle des enfants orphelins ou abandonnés par leurs parents aux communes, qui les placent au rabais, quelquefois assez bien, mais cependant jamais de manière à ce qu'ils apprennent à gagner plus tard leur vie. Nous possédons, sans doute, dans notre canton de fort beaux établissements fondés par la charité particulière pour l'entretien d'orphelins ou d'enfants pauvres, mais ils sont loin d'être suffisants pour le nombre d'enfants qu'il y aurait à recevoir. Quoique quelques-uns de ces établissements soient placés à la campagne, leur organisation n'est nullement propre à former pour la suite de bons cultivateurs ou seulement de bons domestiques, parce que les domaines que les élèves ont à cultiver sont trop petits pour leur fournir l'occasion d'apprendre les ouvrages de campagne les plus usuels; aussi la plupart des jeunes gens qui sortent de ces asiles finissent-ils par suivre une autre carrière que celle de l'agriculture. Ce qui devrait, en outre, engager l'Etat à se charger, chaque année, d'une certaine quantité d'enfants, c'est que les établissements existant ont été forcés de mettre à l'admission des élèves de certaines conditions, comme celle de payer une finance annuelle; en sorte que les enfants appartenant aux communes les plus pauvres de notre canton, et ceux qui n'ont point de protecteurs, par conséquent les plus malheureux, ne peuvent y être placés. Quant à l'organisation à donner à l'école des enfants pauvres, je crois que l'on pourrait imiter avec beaucoup d'avantage celle qu'Hohenheim avait dans le temps; recevoir, par exemple, ces enfants à l'âge de 8 ans, et les astreindre à un séjour de 10 ans, pendant lequel ils apprendraient toutes les branches de l'agriculture théorique et pratique, et au bout duquel ils seraient à même, non-seulement de gagner très-honorablement leur vie, mais encore de rendre de grands services à notre agriculture.

Un domaine de 255 poses serait proportionnellement meilleur marché qu'un de 120, et y aurait pour l'état bien plus de chance d'accroissement de capital, avec un grand domaine qui serait sans doute pourvu de beaux bâtiments d'habitation, qu'avec un plus petit. Un établissement agricole, fondé en Suisse aux frais d'un gouvernement, ne me paraîtrait pas complet, s'il ne possédait une grande montagne à vaches; cette propriété ne serait du reste nullement onéreuse, vu le bas prix de ces immeubles dans ce moment. La manière dont sont administrées nos montagnes à vaches, est à peu près la même que celle qui était en usage il y a deux ou trois siècles; elle n'a fait aucun progrès, et ici cependant les moindres frais auraient un bon résultat. Tandis

que toutes nos communications de la plaine sont bonnes, dès qu'on arrive sur une montagne, on trouve des chemins propres à briser toute espèce de véhicule; presque nulle part on ne débarrasse le pâturage des pierres qui se trouvent répandues sur le sol, ni des épines qui y croissent en grand nombre. Mais, ce qui me paraît plus incroyable, c'est que, ayant l'expérience que dès qu'un terrain est clos, et qu'on y répand un peu d'engrais, il produit une belle récolte de foin, sur une montagne qui nourrira pendant l'été 100 vaches, on n'en récolte pas pour les nourrir pendant un jour. S'il tombe de la neige pendant l'automne, on est réduit, ou bien à abandonner la montagne plus tôt qu'on ne l'aurait fait sans cela, ou bien à nourrir les vaches avec leur propre lait, et dans ce cas le séjour à la montagne leur est bien préjudiciable, tandis que si l'on avait une provision de foin pour 6 jours, on serait toujours à même de faire face à tout événement, et l'on pourrait donner du foin aux vaches le matin lorsqu'il y aurait une gelée blanche. Je ne parle pas ici des cultures qui pourraient être tentées avec avantage dans la montagne, ceci m'entraînerait trop loin de mon sujet.

La possession d'une montagne permettrait de faire sur une grande échelle une expérience comparative intéressante pour toute la Suisse, qui servirait à démontrer, si les vaches nourries à la montagne pendant l'été, donnent un produit net plus élevé, que celles qui sont nourries à l'écurie dans la plaine. Il serait également intéressant et instructif d'entretenir deux races de vaches, d'abord la belle race de la Gruyère, que l'on trouve aussi dans nos Alpes, à Château-d'Oex et aux Ormonts, puis celle de Schwytz, qui en général est plus estimée dans l'étranger, et qui décidément est très-supérieure pour le trait à celle de la Gruyère et fournit de beaucoup meilleurs bœufs de labours. Avec une montagne qui nourrirait pendant l'été 40 vaches, et où l'on pourrait hiverner une partie du jeune bétail, un domaine de 250 poses en prés et champs, pourrait probablement nourrir pendant 7 mois, un troupeau de 80 vaches. En été 40 seraient nourries à l'écurie, et serviraient à l'instruction des élèves et à faire des essais comparatifs; les autres seraient conduites à la montagne, ainsi que le jeune bétail que l'on aurait hiverné dans la ferme.

L'établissement agricole serait tenu d'avoir une comptabilité qui entrerait dans tous les détails nécessaires, et qui serait ouverte aux élèves; il devrait également publier un journal, qui pourrait ne paraître que quatre fois l'an, et dans lequel toutes les opérations de la ferme seraient décrites et expliquées.

Voici approximativement, à combien se monteraient les frais occasionnés par la fondation de l'établissement en question.

Un domaine de 250 poses en prés et champs et de 5 à 6 en vignes, pourvus de bons bâtiments d'habitation et de ferme, situé à 2 ou 3 lieues de Lausanne, coûterait environ :   L. 180,000

Une montagne pouvant nourrir pendant cinq mois d'été, 40 vaches et autant de jeune bétail, située dans une position qui permettrait d'essayer plusieurs cultures et d'hiverner une partie du jeune bétail,   60,000

Fonds de roulement, y compris les premiers frais, pour l'achat du chédal vif et mort,   50,000

Arrangement des bâtiments d'habitation, mobilier des chambres des élèves de toutes classes, bibliothèque, collections,   60,000

    L. 350,000

Quoique j'aie donné le compte des frais occasionnés par les écoles d'Hohenheim, je suis loin de penser que nous devions monter chez nous un établissement pareil avec autant de luxe ; nous n'aurions certainement pas besoin d'autant de professeurs, dans tous les cas, il me semble qu'il ne faudrait pas s'inquiéter de leurs ménages, ainsi que la commission le proposait, et ne leur fournir que le logement et un jardin. Un directeur et un aide seraient bien suffisants pour diriger l'exploitation, ainsi que pour donner les cours sur l'agriculture. Il faudrait à côté d'eux un professeur qui enseignerait les mathématiques et les sciences naturelles, l'inspecteur des forêts de l'arrondissement où serait situé l'établissement pourrait, je pense, remplir la place de professeur de l'art forestier : il faudrait peut-être plus tard un second professeur pour l'enseignement d'une partie des sciences naturelles, car un seul, qui donnerait en outre les leçons de mathématiques, serait bien chargé. En supposant encore, un caissier teneur de livres, qui donnerait aux élèves le cours de comptabilité, et un vétérinaire, qui ne viendrait dans l'établissement que pour soigner le bétail et donner un cours aux élèves, nous aurions, en tout, sept personnes attachées à l'établissement, qui recevraient environ : L. 9,000

Deux instituteurs des enfants pauvres, qui seraient logés et nourris avec eux, et recevraient 1,200

L'entretien du mobilier des écoles, le chauffage, l'éclairage et les frais de bureau, 1,600

Subvention annuelle pour la bibliothèque, les collections, le cabinet de physique et le laboratoire de chimie, 800

12,600

L'intérêt de L. 350,000 à 4 p. % 14,000

L. 26,600

On peut compter que les produits de la ferme suffi-
raient, au bout de peu de temps, non-seulement à l'entretien des bâtiments et du chédal, mais encore à tous les
frais de l'école des enfants pauvres. Il y aurait à porter, en
déduction de la somme des dépenses, ce que les élèves des
deux écoles, paieraient pour leur logement, en supposant
qu'on ne comptât rien pour les cours, afin de mettre cet
établissement sur le même pied que nos colléges et nos
écoles, où l'instruction est gratuite.

Il resterait à la charge de l'état une somme annuelle
d'environ 24,000 fr., ce qui ne me paraît pas trop élevé, vu
les avantages certains que toutes les classes de la société
en retireraient. Bien des personnes qui n'ont fait aucune
objection pour accorder pendant plusieurs années une
somme annuelle de L. 16,000 pour l'amélioration de la
race des bestiaux, trouveront peut-être qu'une somme de
L. 24,000, pour un établissement agricole, est excessive.
Je ne pense pas non plus que le Conseil d'Etat et le
Grand Conseil se décident à faire une pareille dépense,
sans s'être au préalable assurés de son utilité, mais il me semble qu'il vaut la peine de bien étudier cette question. Si
l'on crée un établissement imparfait, et surtout, si la malheureuse idée de le créer sur un domaine affermé prévaut,
il est bien à craindre qu'il ne produise aucun bien, et ne
retarde pour longtemps la formation d'un établissement na-
tional vraiment utile. Je ne m'occuperai point ici de la
fondation au moyen d'actionnaires, parce que je ne crois à
ce projet aucune chance de réussite; personne ne pouvant
se faire illusion sur l'abandon qu'il ferait de l'intérêt de
ses fonds.

Il y aurait une manière de diminuer les frais annuels, ce
serait de joindre à cet établissement l'école normale : je

suis persuadé que ce changement de domicile serait tout à l'avantage des élèves régents, qui, au lieu de recevoir une subvention de l'état, pourraient être logés gratuitement. La nourriture qu'ils prendraient en commun dans l'établissement, et qui serait donnée par un traiteur, avec lequel on ferait un arrangement comme pour les autres écoles, devrait leur coûter beaucoup moins qu'à Lausanne. Mais ce qui est bien plus important, c'est que les élèves ne seraient pas exposés à bien des tentations, qu'ils doivent nécessairement rencontrer dans une ville comme Lausanne; qu'ils seraient moins distraits, et conserveraient le goût de la vie de campagne, ce qui serait d'autant plus heureux, qu'ils sont destinés pour la plupart à y exercer leur état.

Depuis la fondation de l'école normale, un grand nombre d'élèves sont allés occuper des places dans l'étranger : je sais que ce fait est considéré comme fort honorable pour le canton de Vaud, par quelques personnes occupant de hautes positions dans l'instruction publique, mais ce n'est cependant pas dans ce but que cette école a été fondée.

Les élèves de l'école normale se formeraient à l'enseignement pratique, avec les enfants de la classe pauvre, qui pourraient très-bien remplacer l'école modèle établie à Lausanne ; ils apprendraient de plus l'agriculture, et se mettraient à même de diriger leurs écoliers, si quelques communes avaient la bonne idée de donner à leurs écoles un peu de terrain à cultiver.

On perdrait quelques avantages attachés à la fixation de l'école normale à Lausanne, qui permettait d'utiliser les loisirs de personnes instruites, qui donnaient des cours dans cette école, mais d'un autre côté on sent quel avantage il y aurait à ce que les mêmes professeurs pussent enseigner, par exemple : les sciences naturelles, les mathématiques et même l'agriculture aux écoles réunies, et à pouvoir également utiliser pour tous les cabinets de physique, le laboratoire de chimie, la bibliothèque, le jardin botanique, etc.

Si l'on pouvait trouver un domaine de la contenance désirée à 2 lieues de Lausanne, ne serait-il pas possible que des personnes habitant cette ville, allassent donner des cours dans cet établissement, une ou deux fois par semaine ?

La fondation d'écoles normales à la campagne, n'est pas un fait nouveau en Suisse, puisque dans plusieurs Cantons, ces écoles sont fondées hors des villes, et l'on pourrait connaître par leur expérience les inconvénients que l'on a trouvés à ce qu'elles ne fussent pas placées dans les mêmes villes que les Gymnases et les Académies.

Il ne me resterait plus qu'à indiquer les établissements qui devraient être joints à la ferme modèle et aux écoles d'agriculture, afin que l'établissement fut complet. Une fabrique d'instruments agricoles serait de toute nécessité; elle fournirait à la ferme elle-même, et aux agriculteurs du canton, de bons instruments, surtout des charrues, lorsque des essais comparatifs auraient démontré qu'elles seraient les meilleures à adopter. Les prix seraient fixés de manière à laisser un léger bénéfice à la fabrique, afin que dans aucun cas elle ne pût devenir onéreuse. Une pépinière d'arbres d'ombrage et d'arbres fruitiers, tant pour l'instruction des élèves que pour fournir le pays d'espèces d'arbres dont les propriétaires pussent être assurés, serait certainement utile et donnerait de bons résultats financiers, sans nuire aux jardiniers de notre pays; car le goût des plantations est si général chez nous, que l'on est souvent obligé de faire venir des arbres de l'étranger. Il faudrait aussi un grand jardin botanique et un champ d'essais. Quant aux fabriques de produits agricoles, qui peuvent être établis avec avantage à la campagne , il n'y aurait qu'une huilerie , une brasserie de bière, une féculerie et une fabrique d'amidon qui pussent intéresser. Dans tous les cas , il n'y aurait aucune nécessité de les avoir , parce que les élèves des écoles auraient sûrement l'occasion de visiter de ces fabriques dans le voisinage de l'établissement.

L'école pour les forestiers ne pourrait pas être , dans les commencements, distincte de celle des agriculteurs , parce que, selon toutes les probabilités, il n'y aurait que peu d'élèves : l'inspecteur forestier donnerait un cours sur les parties les plus intéressantes de son art, et conduirait les jeunes gens qui suivraient ses leçons dans les forêts de son arrondissement, pour leur faire connaître, sur le terrain, les différentes opérations.

Le directeur de tout l'établissement devrait avoir une grande compétence ; il serait cependant très-fâcheux qu'il n'y eût pas un pouvoir au-dessus de lui. Si l'établissement se formait par actions , il est plus que probable que ce pouvoir entraverait souvent sa marche, des financiers n'étant pas nécessairement agriculteurs. Par contre, si l'état en fait les frais, ce sera naturellement à lui qu'appartiendra la haute direction. Afin de ne point augmenter inutilement les frais par la création d'un nouveau dicastère du Conseil d'Etat, il me semble qu'on pourrait fort bien placer la ferme modèle et les écoles agricoles, sous la direction de la commission des forêts; l'école normale resterait sous la direction du Conseil de l'instruction publique. Le personnel de la commission des forêts inspirera, j'en suis persuadé, toute confiance aux personnes qui désirent la réussite de ce projet. Le directeur de cet établissement serait nécessairement appelé, lorsque l'on discuterait des choses ayant rapport à son office, et pour ces cas-là, on pourrait également adjoindre deux agriculteurs, qui seraient payés à tant par séance, et devraient être choisis dans un rayon rapproché de Lausanne, afin de ne pas augmenter les frais de transport sans nécessité.

tres fabriques de produits agricoles, qui peuvent être établis avec avantage à la campagne, il n'y aurait qu'une huilerie, une brasserie de bière, une féculerie et une fabrique d'amidon qui pussent intéresser. Dans tous les cas, il n'y aurait aucune nécessité de les avoir, parce que les élèves des écoles auraient sûrement l'occasion de visiter de ces fabriques dans le voisinage de l'établissement.

L'école pour les forestiers ne pourrait pas être, dans les commencements, distincte de celle des agriculteurs, parce que, selon toutes les probabilités, il n'y aurait que peu d'élèves : l'inspecteur forestier donnerait un cours sur les parties les plus intéressantes de son art, et conduirait les jeunes gens qui suivraient ses leçons dans les forêts de son arrondissement, pour leur faire connaître, sur le terrain, les différentes opérations.

Le directeur de tout l'établissement devrait avoir une grande compétence ; il serait cependant très-fâcheux qu'il n'y eût pas un pouvoir au-dessus de lui. Si l'établissement se formait par actions, il est plus que probable que ce pouvoir entraverait souvent sa marche, des financiers n'étant pas nécessairement agriculteurs. Par contre, si l'état en fait les frais, ce sera naturellement à lui qu'appartiendra la haute direction. Afin de ne point augmenter inutilement les frais par la création d'un nouveau dicastère du Conseil d'Etat, il me semble qu'on pourrait fort bien placer la ferme modèle et les écoles agricoles, sous la direction de la commission des forêts; l'école normale resterait sous la direction du Conseil de l'instruction publique. Le personnel de la commission des forêts inspirera, j'en suis persuadé, toute confiance aux personnes qui désirent la réussite de ce projet. Le directeur de cet établissement serait nécessairement appelé, lorsque l'on discuterait des choses ayant

rapport à son office, et pour ces cas-là, on [...]
ment adjoindre deux agriculteurs, qui seraient [...]
par séance, et devraient être choisis dans un rapp[...]
proché de Lausanne ; afin de ne pas augmenter les frais [...]
transport sans nécessité.